加藤矢惠的园艺技法 22 例

盛开的庭院

[日] 加藤矢惠 著　李普超 译

华中科技大学出版社
http://www.hustp.com
中国·武汉

有书至美
BOOK & BEAUTY

前言

  那是很久之前的一件事。在小朵蔷薇集中盛开之时，我遇到了一种花形较小、枝条依赖性强的蔷薇，它粉色的花呈单朵状绽放着。摆在园艺店前面的招牌上仅写着"蔷薇"两个字。那时我并不关心这种蔷薇都有哪些性质，只是觉得颜色可爱，外形中意，便将它买了下来，并小心翼翼地带了回去。当时想着，虽然现在它们的枝条非常细，但会渐渐地延伸变粗吧。我那时有一家摄影棚和一家店面，在绽放着草花的庭院中也有木香花和开着安吉拉的藤架，细长的枝条向前延伸，但我还没决定它最终的发展方向，便把它牵引到周边的树上去了。直到后来，我偶然得到了一个古旧且生有少许铁锈的拱门。

  当心心念念的拱门到达庭院里时，我的整个心都在欢呼雀跃。如果蔷薇能在拱门上绽放的话，那我便可以毫无顾虑地欣赏蔷薇的侧颜和后面的风景了。拱门所立之处有一条小路，我想让小路的两侧绽放出很多可爱的草花，那明天再去花店看看草花吧……那时在心底涌现出来的感情，与人们初次购买藤本蔷薇时所生出的那种喜悦感与期待感一定是一样的。我的心被此时此刻如同野花一般的蔷薇和那些可爱的草花所吸引了。

  某一日，我感觉绽放在摄影棚庭院中的那朵小小的粉红色的蔷薇从窗外探了进来，像是有什么话要说。我的目光投向窗外，在这片有着椅子、靠垫和窗帘的生活空间的对面，我看到了绽放着蔷薇的庭院，这片风景便是Oakenbucket的起点。

  我们所能做的仅此而已，但不仅是让蔷薇绽放，我们还想把一个枝条伸展、新芽绽放的美丽庭院，一个可以感受到季节交替的庭院展示给大家。因此，我们一方面要积极地完成冬枝的牵引修剪工作，另一方面还要注意不能伤到春天开放的球根的芽、不要踩踏到刚刚种下的堇菜的小叶等，在这些细节处多加留意。

  请和我们一起，在这本书中去欣赏我们想要展示给大家的开满藤本蔷薇的庭院，以及与藤本蔷薇一起生活的朝朝暮暮吧。

加藤矢惠

目录

第一章

欢迎来到Oakenbucket
照料的藤本蔷薇庭院

在春季的实习园里，最早绽放的便是野蔷薇。

这是一种生长于日本山野之间的野生蔷薇，单层花

瓣，花色纯白，外观清秀优美。园中的人们闻着空

气中弥漫的甜香，精神为之一振，握着剪刀的手也

松快了许多。

春天到了，属于藤本蔷薇的季节终于到了。野蔷薇开始绽放在oakenbucket的庭院中，一直被人们精心照料的庭院始像在高兴地说"花开了啊"。在第一章中，我们会介绍22种带有藤本蔷薇的庭院，包括oakenbucket日日照料的庭院，以及在冬季进行作业的庭院等。这些庭院有的优雅温柔，有的清爽宜人，让我们一起漫步其中吧。

part 1

自然庭院

有的藤本蔷薇的枝条一年便能延伸2～3米，枝条生长极为旺盛。

当让蔷薇在栅栏和拱门上绽放时，不要紧紧地绑结其上，而是要让其中透露出少许绿色，让枝条低垂，留出稍许空隙，这样才能更能给人以自然的感觉。

在将藤本蔷薇牵引到篱笆或墙面上时，首先要在篱笆或墙面上绑好铁丝，之后再用麻绳将枝条固定在铁丝上面。

Natural Garden

自然庭院 1

在绿色中绽放的蔷薇

东京都杉并区

从西荻的店铺开车到由Oakenbucket照料的实习园仅需10分钟。

在这片绿色葱郁的庭院中绽放着约60种蔷薇。

当别的藤本蔷薇花期结束时才绽放的多萝西·帕金斯蔷薇，是一种晚开型的蔷薇，有淡淡的甜香。

当花季结束之后，我们预计将会把附着在窗上的藤架移开。接下来便是考虑未来让多萝西蔷薇怎么开……我们在心里描绘着来年蔷薇绽放的风景/多萝西·帕金斯蔷薇、智慧蔷薇、红色野蔷薇。

在郁郁葱葱的实习园中，花朵的甜香一阵阵扑鼻而来，这里终于迎来了今年的蔷薇花季。Oakenbucket购入这个庭院至今已有10年。破碎的种子中长出了野蔷薇，我们将它牵引至小拱门上，将空旷的步廊点缀得满满当当。人们每年都在一点点地改变这个庭院的模样。

与枝条坚硬的木立性蔷薇不同，藤蔓蔷薇的枝条非常柔软，它可以自由发挥，描绘着优美的曲线。如果在

冬季对它的枝条进行排摆布置，则人们可以在春天到来时享受全新的蔷薇美景。

给多萝西·帕金斯蔷薇制作新的藤架

在今年冬天的牵引作业中，我们下定决心对粉色浓郁的多萝西·帕金斯蔷薇进行大规模改造。在这之前，它是生长在庭院的一隅，装点着拱门的一种蔷薇。我们决定要让它绽放在新的藤架之上，让圆润饱满的花朵像葡萄一样低垂下来，以创造出那种甜美可爱的氛围。

这看起来好像是一栋房子，但实际上是个藤架。抬头向上看便可以看到绿色的天井。阳光透过枝条间的缝隙洒了下来，蔷薇绽放其中，美丽且别具风情。/智慧蔷薇、红色野蔷薇。

上）在位于实习园中央的大走廊处，绽放着野蔷薇和晚开的冰雪女王蔷薇。将不同花期的蔷薇进行组合的话，人们便可以长期欣赏这绽满蔷薇的走廊了。

左）为了让巡园这项工作变得更加有趣，人们在小道旁种上了草花。这些花草随风摇曳，可爱动人，让我们把它们种下吧。

在绽满藤本蔷薇的走廊之外，继续描绘着由鲜花点缀的小路。

之前为多萝西蔷薇保留的设计，是在白色板壁上带有一个小小的水色窗户的藤架。这种设计营造出一种"林中人家"的感觉，在这其中除了多萝西蔷薇外，还牵引了智慧蔷薇、红野蔷薇等粉色或红色的蔷薇。

从那之后过了4个月再看。这次改造的尝试获得了极大的成功！多萝西蔷薇枝条下垂，装饰着水色的窗户。四散延伸的枝条使通道变得狭窄，红野蔷薇的长势也十分旺盛。虽然看起来有些杂乱无章，但这却显示出了藤本蔷薇的魅力。微风吹拂着白色的藤架，枝条随风摇曳，营造出一幅自然的景象。

四季开花和多季开花的蔷薇，为了接下来的花开的更好，要在花谢后将花蒂摘除。大部分仅在春天开花的蔷薇则不摘除花蒂，使其生长出蔷薇果实。

这是一个可以一边徜徉在蔷薇走廊中一边进行工作的幸福季节。但是一些开在较高位置的蔷薇处理起来则有些麻烦等类似的问题也会产生，这也是一个让人们多加反思的季节。/prosperity 蔷薇等。

这种绯红攀登者蔷薇可以攀爬长至3米高的树木上，人们将它从高处解开，编成太阳伞状，使其在便于人们打理的高度绽放。

迎接开满藤本蔷薇的春天

　　随着不断打理，庭院逐渐被蔷薇包围，没有再比这时更加幸福的时刻了。燕子飞来，发出振翅的声音，人们与它们一起进入蔷薇丛中，将花蒂摘下。

　　虽然想来这项工作有些烦琐，但是切掉花谢之后留下的花蒂，是让花朵下次开的更好的关键。但有些蔷薇会在秋天结出漂亮的果实，这种蔷薇则不用摘除花蒂。这其中主要是仅在春天开花一次的单季蔷薇，到了秋天我们便可以欣赏它红色或橘色的果实了。

　　周末，人们在庭院中举行玫瑰聚会。由于人们都喜欢自然风格的藤本蔷薇，因此要将绑结在拱门上的枝条解开一两枝，这样当人们漫步在花丛中时，蔷薇便可触及人们的肩膀。但解开的一定要是不带刺的蔷薇。

在创建自然的氛围时，白色的蔷薇必不可少。它们的生长速度极快，这个走廊上的蔷薇丛下种至今已经培育了3年时间。

在南面庭院里搭建起的大型藤架

东京都港区

这里偶尔能够听到野鸟的啼叫声，但这里却位于东京的中心地带，是一片聚集着各国使馆的幽静的住宅区。

这是绿树葱葱的郊外，还是别墅区？这样有意趣的一片风景，却是位于港区里的一个幽静住宅区，周边被低层公寓所包围。在广阔庭院的南边角落里，原本种着树，是适宜草花和香草生长的地方。这里日照充足，园丁们培育的白色藤本蔷薇花开得过大，因此决定由Oakenbucket进行打理。

虽然庭院的旁边是低层公寓，但当被蔷薇包围的藤架立于面前时，人们会不由得忘记了这里正处于市中心。

这是一个宽3米、进深3米、高2.3米的大型藤架。一般来说，人们会将蔷薇从藤架上牵引到房屋的墙面上，从而描绘出一幅蔷薇美景，但当前房屋的条件导致墙面无法使用，因此搭建了一个分离式的藤架。/群星蔷薇、宴娇蔷薇我们便是在这里设计了这个大型藤架。我们有效地利用了这片晨光充足的环境，描绘了一幅蔷薇的风景。

藤本蔷薇仅绽放在广阔庭院中的一部分地区，存在感很弱，容易给人造成散漫的印象。但如果使用藤架等将其与外部空间分割开来的话，那这一小片区域便是开满了蔷薇，从而创造出了一个开满蔷薇的小世界。我们将庭院中已有的白色藤本蔷薇与群星蔷薇的植株分为两股，并将其牵引到藤架上。对面右侧的篱笆上则种上黄色/杏色系的蔷薇，左侧则种上粉色/紫色系的蔷薇，通过颜色区分创造出层次感。

此次大改造历时2年，在第2年的春天，绽放的蔷薇数量超出了我们的想象。在这片漂亮的庭院中，我们见到了各种各样的野鸟。

群星蔷薇的花形较小，绽放时花瓣重叠，因此有一种繁花似锦的感觉，好似枝头积雪一般。虽然只开一季，但是花瓣不掉，因此在花谢时需要将其花蒂摘除。

在藤架对面的左侧篱笆上，种着淡粉色的皮埃尔欧格夫人蔷薇、紫色的黎塞留主教蔷薇和白色的普兰特夫人蔷薇，这些花都十分惹人喜爱。

将杏色和黄色的蔷薇聚集在一起

与篱笆的水色相映衬的，是杏色和黄色这样柔和的色系。将四季开花和多季开花的蔷薇组合在一起，这样就可以在春天以外的季节也欣赏到蔷薇的美景了。

香气浓郁，木本的杏蜜露。

枝条旺盛，开花较多的黄昏蔷薇。

杏粉色的，花开呈串状的科尔涅莉雅蔷薇。

多瓣开花，花形较大的金色之翼蔷薇。

花开呈杯状的斯威特·朱丽叶蔷薇，人们可以欣赏它的多季开花。

优雅的令人怀念的庭院

东京都杉并区

在视野开阔，绿色浓郁的庭院里，绽放着50种蔷薇和从种子中生长出来的草花。

右）虽然这个庭院里开有50多种蔷薇，但Oakenbucket只负责冬季的修剪和牵引工作。之后便是庭院的主人自行照料这个庭院的各个角落。/冰山蔷薇、淡雪蔷薇、藤本夏雪蔷薇

下）周围被亮色系的蔷薇包围，藤架下点着小灯，这种氛围下聊天也自然热烈了起来。/阿伯里克·巴比埃蔷薇、莉莉·玛莲蔷薇等。

在庭院中心设计藤架

这个庭院的正中央是藤架，里面摆放着一张能够坐10名客人的长椅，周围种植着亮红色或橘色的蔷薇，从而打造出一个适宜聊天的空间。在被蔷薇包围的藤架下面，便是人们娱乐的场所了，如果茂密的树叶使空间中的光线较暗的话，也可以点起小灯。明亮的灯光亮起时，会进一步拉近人与蔷薇之间的距离。

在蔷薇绽放的季节里，吃饭时外面的光线还很亮，这时如果在屋内吃饭的话便有些可惜了。因此晚餐也可以在藤架中的桌子上进行。这样一来，蔷薇藤架下一天均有人在，感觉这里是个让

从种子开始培育庭院中的草花

在蔷薇之间绽放的草花基本上都是从种子里培育出来的。宿根草每年和蔷薇同时绽放，这些从破损的种子中生长出来的草花装扮着整个庭院。

人安心的地方。在院中经常可以见到雉鸠，它也在这里筑了巢。如今它已在树叶掩映之下安心地产卵了。

另外还有一组桌椅，放置在架有抓破美人脸蔷薇的拱门之下。坐在这里，头上方便是各类带有斑点的蔷薇，也可以看到这蔷薇庭院的各个角落。

柳穿鱼属植物中非常苗条的一种。

在柔软的茎干上绽放的蕾丝花。

名字也非常惹人喜爱的勿忘我草。

与藤本蔷薇非常搭配的，同为藤本植物的铁线莲。

叶子非常纤细的，花色带有淡蓝色的黑种草。

散发出甜香的忍冬。

这时也可以看到鸟儿在巢中孵蛋时的可爱身姿。拍照时打扰到你们，实在抱歉。

珍惜这令人怀念的风景

在藤本蔷薇的根部，绽放着合适数量的柳穿鱼属植物、勿忘我草等草花。在常年经人打理的庭院中，有一种刚建立起来的庭院所没有的感觉。第一次来访的人们经常对我们夸赞，眼前此景似曾相识，有一种让人非常怀念的感觉。为了不破坏这个庭院中美好的氛围，我们在为藤本蔷薇做牵引时没有使用铁质的篱笆或拱门。

在吃早饭的桌子上，我们仅用抓破美人脸蔷薇的枝条搭建起一个小小的拱门状结构，对于花形较大的西班牙美人蔷薇也不用支架支撑，而是将枝条粗粗地进行编织，搭建成一个粉色的拱门状结构，好像伸向天空的一架梯子。

上）为了将广阔的草坪包围起来，庭院的周围种上了粉色和白色的藤本蔷薇，它们将庭院装扮了起来。/冰山蔷薇等。
左）爱犬多多是不是也被蔷薇的香气吸引了啊。/莉莉·玛莲蔷薇、波旁王后蔷薇、鹅黄美人蔷薇。

藤架之下经常是
谈话声不绝于耳。

虽然在铁制的篱笆和拱门上牢固搭建造型的方法比较单一，但如果在用手塑形时稍加偏斜弯曲，则与整个庭院的风格更加相称。门口有一条一直延伸至庭院的小路，在它的旁边的墙根处绽放着格鲁斯亚琛蔷薇，它有一种好似芍药的温和风情。在这里描绘出一幅优雅的令人怀念的风景。

用石板铺成的小路稍有左曲右折，走在其上，无论何时何地都能看到这样的风景。小路左手边的墙上是彼埃尔·德·龙沙蔷薇，右边的墙根下是格鲁斯·亚琛蔷薇。

散发着甜香的格鲁斯-亚琛蔷薇。它的花瓣呈重叠状，看起来十分豪华，在墙根绽放的样子好似芍药一般。虽然它不是藤本蔷薇，但是棘刺较少，便于打理，一直可以开到秋天。

仅用枝条编制而成的，柔软的拱门。花瓣呈半重叠状的西班牙美人蔷薇向下低垂，随风飘动，从这里仰视过去，它在高处绽放着。/其他的还有藤本夏雪蔷薇等。

Natural Garden 3

自然庭院

在这庭院中，仅用藤本蔷薇搭建起的拱门也好，墙角边的小路也好，都飘荡着一种温暖的、令人怀念的感觉。

在这个冬天，人们在这个庭院里视野最好的地方，用抓破美人脸蔷薇编织了一个小小的拱形结构。/其他的还有瑞伯特尔蔷薇、芭蕾蔷薇等其他品种的蔷薇。

野鸟聚集的庭院

东京都西东京市

被穆里加尼蔷薇所包围的庭院是昆虫和野鸟聚集的圣地。

右）花瓣呈单层状的蔷薇姿态清秀优美，和大型的和式陶器紧密的放置在一起。/穆里加尼蔷薇、亚历山大蔷薇。

下）连接房子与篱笆之间的小路。蔷薇枝条伸展，展现在人们的眼前，虽稍显杂乱，但更衬托出了眼前风景的自然感。/穆里加尼蔷薇、欢笑格鲁吉亚蔷薇。

在单层花瓣的白花中有一点红色，给人以视觉冲击的便是安昙野。灰色的木质栅栏将这种鲜艳的颜色给人们留下的印象控制得恰到好处。

种着结果蔷薇与其他结果植物的天堂

将采集的玫瑰果放在廊檐下的话，冬天野鸟们会将它们全部吃光。

在这个庭院中，春天到夏天结出浆果，到了秋天则结出玫瑰果，在任何时候都可以为鸟儿们提供食物。麻雀和山雀为了报答，会将啃食蔷薇叶子的蔷薇三节叶蜂的幼虫吃掉。

脚下颜色可爱的蛇莓。并不是有毒的草类植物。

夏季成熟后变成紫色的蓝莓，基本上也是为野鸟们准备的。

在穆里加尼蔷薇中隐藏着一扇窗户，打开窗户时，穆里加尼蔷薇的甜香会流入窗中，还可以听到蜜蜂的振翅声。

庭院中还有一个可爱的蜜蜂箱。我们的梦想便是何时能够在这个庭院中饲养蜜蜂。

原种系的蔷薇枝条坚硬，生长速度快，开花较多。其中穆里加尼蔷薇在开花时可以盖满整个房子。4年前这里在翻修时，为了种植蔷薇，特意准备了一面宽阔的墙面。如今，在这开满了惹人怜爱的蔷薇的房子中，人们被聚集在花丛中的蜜蜂的振翅声叫醒，恬静的时光便这样向前流淌而去。穆里加尼蔷薇的花瓣呈单层状，与野花一样可爱，绽放在这个庭院中则有一种和谐之美。它与摆放在庭院角落的由黑陶制成的水缸紧紧地放置在一起，散发出一种清秀优美的风情。

在牵引科尔涅莉雅蔷薇时，如果在枝条与枝条之间留有缝隙，使阳光能够照射到穹顶内侧的话，则仅仅一株科尔涅莉雅蔷薇就可以在穹顶的内侧和外侧开满了花。

花开第3年的庭院

东京都杉并区

这是年轻的蔷薇长到第3年时的庭院，在这片广阔区域内保留区政府指定的大树的同时，还扩充了种植藤本蔷薇的庭院。

Natural Garden

自然庭院 **5**

在蔷薇庭院的入口处有一个带有拱门的木门，到了明年，开的郁郁葱葱且形态可爱的紫玉蔷薇将把拱门盖满。/除紫玉外还有皮埃尔·德·龙沙、科尔涅莉雅、奶油硬糖等。

由于庭院的中央建有支撑点，因此首先建造的是穹顶。穹顶下面空间充裕，放得下整套桌椅，夏天铁线莲在这里绽放。/科尔涅莉雅蔷薇。

藤本蔷薇在野外生长时，会用自身的棘刺将枝条攀附缠绕在周围的树木等上面，生长起来较为奔放。在庭院中生长时，则一边用麻绳将柔韧枝条进行固定，一边完成牵引操作。藤本蔷薇并不只有花，它的枝条也极具魅力。老枝上面凹凸不平十分有趣，但看起来有一种美感并给人以柔和感的却是三四年的新枝。这个庭院自种植蔷薇至今也恰好3年了。

纯白的雪雁蔷薇，与杏色的鹅黄美人蔷薇进行搭配。由于这是一种花重较轻的蔷薇，因此即使开满也看起来十分轻快。

年轻的藤本蔷薇，
花和枝条都有一种柔和美。

之前在生活中，只能从窗户中望着远处的草花，现在有了这个带藤架的门廊，则每天伸手便可以马上触及蔷薇。/鹅黄美人蔷薇等。

今年开的花较去年多了许多，新开的西鲁埃特玫瑰枝条柔软，也与其他蔷薇一起迎接快乐的春天。

广阔庭院的四周被包括区政府指定树在内的古树环绕包围，里面的草地足够孩子们捉迷藏使用。虽然这个庭院面积较大，照顾起来不太方便，但藤本蔷薇的出现改变了这个情况。这个庭院的主人希望我们对庭院进行改造，将其打造成一个被蔷薇所环绕的庭院，我们接受了他的委托，稍稍对这个广阔空间进行区域划分，搭建出牵引蔷薇用的地方，继续打造被蔷薇环绕的庭院。

虽然这个宏伟的计划还在实施过程中，但这样的生活已经开始：科尔涅莉雅蔷薇和奶油硬糖蔷薇已经在穹顶上骄傲的绽放，如果打开玻璃门走到门廊中的话，伸手便可触及鹅黄美人蔷薇与雪雁蔷薇。

有时，精力旺盛的枝条也会这样伸到长椅上。/杰奎琳·杜普雷蔷薇、鹅黄美人蔷薇。

21

左）如果在藤架上挂一个窗户，则整个木质门廊便又变为了一个房间。入夜后如果在窗户的旁边点上灯，格拉汉·托马斯蔷薇便会发出熠熠光辉。/其他的还有索伯依蔷薇。
下）人们可以在斯威特·朱丽叶蔷薇的下面吃早点、读报纸、工作……从睡醒开始一直待在这里，有时候也可以待一整天。/其他的还有prosperity蔷薇。

对蔷薇来说，良好的光照是它们生长的必需条件。将蔷薇移至光照充足的地方，任何一种花都可以开的花团锦簇。/格拉汉·托马斯蔷薇、佩妮·连恩蔷薇、索伯依蔷薇。

东京都小金井市

前年秋天移栽到这个庭院中的

10株蔷薇迎接了充实的春天

移栽的藤本蔷薇

初夏时节结出了小小的红色果实的唐棣属植物。由于它的果实恰好在晚开的藤本蔷薇绽放的季节成熟，因此给蔷薇庭院增添了几分颜色。

　　由于有零散绽放的多萝西·帕金斯蔷薇的庭院广受好评，因此这座庭院也整体移栽了这种蔷薇。这是一项大工程，首先要将伸展至2楼的枝条剪短至原来长度的1/10，之后连根掘起，将其运送至新庭院。虽然选在雨水较多的11月份进行移栽作业，但是由于预定来年春天才开始新居庭院的搭建工作，因此要暂时将掘起的蔷薇养在花钵中。在过冬时，大家十分注意，不让植株因为受风而干枯，就这样迎来了3月，我们开始了庭院的搭建工作。幸运的是没有一株蔷薇干枯，从春天起，它们开始渐渐绽放，到现在整个庭院都像披上了花的面纱一样。

让蔷薇绽放在触手可及的地方

　　以前庭院中主要种植的是多萝西蔷薇，这种蔷薇可以覆盖两层楼的墙壁，形成一片墙面花圃。所以虽然看起来很美丽，但是许多花都绽放在手不能及的地方。庭院的主人"原本就希望拥有一个自己便能够照顾蔷薇的庭院"，为了满足庭院主人的心愿，同时考虑到打理新庭院的便捷性，我们设计让蔷薇绽放在触手可及的范围内。

　　首先在新庭院中开始搭建的是一个带有藤架的门廊，并以此为中心，准备适宜不同种类蔷薇生长的场所。

庭院之前是以墙面花圃为中心，而新居则是由面积为9个榻榻米大小的门廊及其周边空间构成。/ prosperity蔷薇、斯威特·朱丽叶蔷薇等。

上）在夜晚的派对上点燃蜡烛。烛光明亮，蔷薇看起来与白天时一样恬静。/prosperity蔷薇、斯威特·朱丽叶蔷薇。

左）在整天陪伴蔷薇的日子里，按下快门的机会好像增多了。可以把拍摄的照片做成明信片。

把拍摄的蔷薇照片当作派对的邀请函

当把之前仅开四五朵花的格拉汉·托马斯蔷薇种植在到光照充足的南面时，它不仅提前了开花的时间，而且在那个春天里开了200余朵花。如今在藤架的窗户下面也开满了明黄色的花。按照庭院主人"坐在这里时想让花朵在头上和肩膀处绽放"的心愿，我们将斯威特·朱丽叶蔷薇种在了门廊长椅的旁边。经过改造后，庭院的主人可以在这里尽情地照料这些藤本蔷薇，或摘一朵刚刚绽放香气浓郁的蔷薇来装饰屋子，或挑选一朵蔷薇当作礼物来赠送他人。当把黄色的含羞草和结有红色果实的琼百丽蔷薇种下，完成这个种植有60多种草花的庭院时，已经是夏天了。

将房屋和庭院结合在一起的蔷薇空间

因为这里是从马路上无法看到的内部庭院，因此睡醒后便首先径直来到门廊。这种生活自第一朵蔷薇绽放时起便开始了。在藤本蔷薇的下面，可以吃早饭、读报纸、完成工作、写信等。

上）前面庭院的色调比较单调，绽放着多萝西·帕金斯蔷薇的藤架使用的是蓝灰色的漆。晚开的多萝西蔷薇绽放的花团锦簇，好像在惋惜蔷薇盛开的季节即将结束。

右）庭院的主人希望，"当走在小路上时，蔷薇和草花可以不混淆在一起"，因此在我们搭建的风景中，多萝西蔷薇是以枝条下垂的形式存在，由此满足了庭院主人的心愿。

中庭和玄关处分别有粉色和白色两种颜色的多萝西·帕金斯蔷薇。

左）颜色稍有不同的白色多萝西·帕金斯蔷薇开花比普通的多萝西·帕金斯蔷薇稍晚。

下）绽放在沿街篱笆和玄关周围的仅有白色多萝西·帕金斯蔷薇。它给五彩缤纷的中庭带来了变化。

Natural Garden 自然庭院 6

　　新的庭院是如此的花团锦簇、五彩缤纷，居住在这里的人们也开始了自己心怡的生活。即使种植同样品种的蔷薇，由于设计与环境的不同，蔷薇和庭院给人们的印象也会发生很大的变化。从庭院中仅在初夏时节以种植晚开的多萝西·帕金斯蔷薇为主，到增添了斯威特·朱丽叶蔷薇、格拉汉·托马斯蔷薇、prosperity蔷薇等多季开花的蔷薇品种，这些无论何时何地都能绽放的蔷薇极大地改变了这座庭院的整体形象。

　　今夜人们在斯威特·朱丽叶蔷薇的下面举行派对。蔷薇被明亮的烛光所映照，这注定是一个浪漫之夜。

庭院中开满了惹人怜爱的蔷薇

东京都西东京市

这座庭院紧邻一片杂树林，为了与之融为一体，庭院中绽放的全都是白色或淡粉色的蔷薇，惹人怜爱。

如果能够选一块平坦的场地，放一把凳子，确保旁边有身体活动的空间的话，便可以进行蔷薇的牵引工作了。但是，光照也是一个必要的条件。/其他的还有藤本夏雪蔷薇、保罗的喜马拉雅麝。

保罗的喜马拉雅麝这种蔷薇，在绽放时好似枝条垂下的樱花一般。这种蔷薇由野蔷薇改良而来，虽然看起来十分惹人怜爱，但如果放任不管的话，它的枝条可以长达10米。因此，它的小花可以开到细枝的前端。一般来说藤本蔷薇呈束状，但也有这种生长极为旺盛的品种。

有时新枝条在夏季到秋季之间能够伸长3米，蔷薇是一种生长过程肉眼可见的植物。

在这座庭院中，仅仅一株保罗的喜马拉雅麝便将庭院装扮成了花的世界。首先在约5米高的地方将长长的枝条进行绑结固定，垂下的枝条好似瀑布一般，在微风的吹拂下沙沙作响，之后再将一部分垂下的枝条牵引到拱门等的上面。拱门上绑结了数根细枝条，让人感觉纤柔好看。由于庭院的主人希望"庭院中开满奢华可爱的花"，因此我们在花的品种上选择了保罗的喜马拉雅麝，它的枝条一直可以使用到细细的前端，置身其中，可以让人享受这种轻松的感觉。

虽然庭院中开满了保罗的喜马拉雅麝，但花期一年却只有一次。它的纯洁可以与樱花相媲美。保罗的喜马拉雅麝的花色会从樱花色变化为白色，为了庭院中的其他蔷薇不对其花色的变化造成干扰，我们搭配种植了藤本夏雪蔷薇和淡雪蔷薇等花形较小的白色蔷薇。

大拱门上开满了保罗的喜马拉雅麝，这种蔷薇在前端的细枝上都会开满娇小美丽的花。/其他的还有芭蕾蔷薇。

环绕庭院生长的
一支蔷薇点亮了
拱门和窗户。

左）庭院的主人喜欢小小的草花绽放在山野之中的美景，因此在庭院中只种植了这些惹人怜爱的蔷薇。面前的拱门上绽放的是保罗的喜马拉雅麝，窗边绽放的是藤本夏雪蔷薇。

下）被保罗的喜马拉雅麝长长的枝条前端装饰起来的窗户。这里还会再长出新的枝条。

为了与保罗的喜马拉雅麝所营造的柔雅氛围相衬，我们搭配种植了白色单重花瓣的淡雪蔷薇，并把它牵引到了篱笆上面。

Natural Garden 自然庭院 **8**

把红色的藤本蔷薇牵引到西边的窗户上

东京都杉并区

这个庭院种植蔷薇的历史有10年以上，人们站立在这个庭院中精神饱满，尽情享受着庭院中这明亮的颜色。

如果想要打造一个使人印象深刻的风景，还是要使用红色的大朵蔷薇。特别是新帕西蔷薇这种花形较大的蔷薇，观赏起来很有数量感。散落在地上的红色花瓣也十分梦幻。如何才能把花瓣上的这种颜色染在布上呢？

美丽的花瓣广受好评

在5月上旬至6月上旬的这大约一个月的时间里，庭院里色彩鲜艳的藤本蔷薇渐次绽放，广受人们的好评。绽放在白色墙壁的红色新帕西蔷薇最为引人瞩目。庭院的主人听说透过夕阳看蔷薇十分美丽，因此便想让蔷薇在西侧的窗边绽放，便选择了这种花形较大的蔷薇。

上）在这里可以欣赏到地上散落的格拉汉·托马斯的黄色花瓣。由于约克郡蔷薇的花朵向上开放，因此预计会在拱门的下方增添花朵向下低垂绽放的蔷薇。

右）多萝西·帕金斯是一种花茎前端较长的蔷薇品种，花形较大，其重叠垂于枝头的景象非常可爱，是路上行人谈论的话题。

朝上绽放的花朵也好，
落到脚边的花瓣也好，
颜色都十分鲜艳。

新帕西蔷薇虽然枝条较粗，但是非常柔软，易于牵引，且抗病性强。它生长旺盛，枝条一年便可以延伸5米。看到它鲜艳的红色花瓣，有的人甚至想一定要尝试着将这种颜色染在布上，并将当年掉落的花瓣全部收集了起来。

在庭院内部搭建的长约5米的拱门上，绽放着白色的约克郡蔷薇和黄色的格拉汉·托马斯蔷薇。这里平时是停车场，在蔷薇绽放的季节里则并排摆放上椅子，人们在这里可以沉浸在蔷薇花瓣静静飘落的美景之中。明黄色的格拉汉·托马斯蔷薇不仅在绽放的时候非常美丽，就连散落的花瓣也十分美丽。

庭院东侧多季开放的蔷薇。将杏色的黄昏蔷薇牵引到藤架上，将白色的雪雁蔷薇牵引到墙面上。

从大门口通往玄关的小路上有两个拱门，
分别种植着阿伯里克·巴比埃蔷薇和紫玉蔷
薇。脚下种植着小花葱、风铃草等植物，
绽放着可爱的小花。

Natural Garden
自然庭院 8

享受草花与蔷薇的绝妙搭配

在这座庭院中不仅有很多藤本蔷薇，还有大量的草花。我们在参观这座庭院时便看到了很多可爱的草花。庭院的主人最希望种在藤本蔷薇的附近并与其形成搭配的，便是铁线莲属植物。铁线莲属的植物在颜色、形状、大小上丰富多彩，与蔷薇形成搭配时可选性强。如果是花形较小的蔷薇，要选择花朵低垂的品种与其进行搭配；如果是花形较大的蔷薇，则要选择单层重叠花瓣的品种与其进行搭配。为了迎合春季的蔷薇花期，我们推荐使用乔木绣球这个品种，它的花朵可以逐渐膨胀变大。它那清爽的淡绿色对任何颜色的蔷薇都能够起到很好的衬托作用。

将适合的草花与花木相互搭配起来

草花和花木能给庭院增添蔷薇所没有的颜色、形状与氛围。在这座庭院中便增添了草花，同时搭配了同为藤本植物的铁线莲属植物以及也在春天开放的其他花木。

多萝西·帕金斯蔷薇与铃铛形的铁线莲属植物。
二者的花朵在绽放时同样低垂，非常可爱。

阿尔班玫兰与铃铛形的铁线莲属植物。白色
与紫色的搭配看起来十分清爽。

阿尔班玫兰与乔木绣球。乔木绣球的颜色会
从淡绿色渐变为白色，花形有时也会变大。

将房屋与庭院连接起来的两种蔷薇

自然庭院 ❾ Natural Garden

东京都杉并区

绽放的藤本蔷薇像一块用白色和粉色的丝线编织成的布，温柔地将房屋与庭院包裹了起来。

庭院中粉得十分鲜艳的蔷薇是春风蔷薇，它与穆里加尼蔷薇交织绽放在一起，好像一块布，将房屋和庭院轻柔的包裹了起来。

这里在建造房屋时，便用枕木和砖瓦搭建了坚固的庭院。庭院中郁郁葱葱的树木基本上都是建院之初的产物。此外庭院中还有一株偶然种下的藤本蔷薇。现在，将屋子的墙壁渲染成粉色的便是春风蔷薇。Oakenbucket从6年前起开始照顾这些过度伸展的枝条。

春风蔷薇是一种开花极多，且枝条无刺便于处理的蔷薇。虽然它浓烈的粉色可以适当调和房屋墙壁的亮茶色，但如果绽放在庭院的砖瓦围墙、用枕木搭建的篱笆或庭院树木的浓绿色中时，则会给人们留下强烈的色调重复的印象。

这里位于较偏的住宅街的拐角地带，来往的行人都会在此驻足赏花。春风蔷薇的中心处……那鲜艳浓郁的深粉色。/春风蔷薇、穆里加尼蔷薇之涨山蔷薇。

因此，我们将它与白色单层重叠花瓣的穆里加尼蔷薇、冰山蔷薇或者其他淡色系的蔷薇搭配起来，给庭院增添一种轻快感。今年的穆里加尼蔷薇开花较早，恰好与春风蔷薇一起迎来了满开的时节。清爽的白色蔷薇更加衬托出了粉色春风蔷薇的可爱。

这两三年间，穆里加尼蔷薇取代了春风蔷薇成为庭院中的主要蔷薇，绽满了房屋、篱笆以及拱门，营造出了一片柔和的风景。这栋房子建于十字路口，就连附近的邻居们也都盼望着看到蔷薇绽放的美景。因此这个庭院中的蔷薇成为街角处不可或缺的一道美景。

春风蔷薇是一种多花性蔷薇，就连细枝的前端都会开满了花。生长迅速的穆里加尼蔷薇也将枝条伸向了整个庭院。

使用枕木和砖瓦搭建起来的庭院有一种令人镇静的氛围，元气满满的蔷薇便在其中绽放。

将粗大的枕木铺在园中，如果在使用篱笆的庭院中种植开花较多和颜色明亮的蔷薇，它们之间的平衡感应该会很好。/穆里加尼蔷薇、春风蔷薇。

在木框边缘处描绘着蔷薇的原创主题画。由于自己种植了蔷薇，因此画花时的心情好像也发生了变化。/福罗拉蔷薇。

自然庭院 **10**

Natural Garden

变成一栋屋子的小庭院

东京都小金井市
这座小庭院种植蔷薇已有3年了，
整座庭院被盛开的花朵包围，
使其变成了一栋小屋子一样。

右）藤架上有一个小窗，覆盖在其边缘的是白色的藤本夏雪蔷薇和prosperity蔷薇、杏色的鹅黄美人蔷薇等。将不同品种的蔷薇牵引过来，枝条重叠，便可以欣赏多种蔷薇组成的不同颜色了。

下）由于鹅黄美人蔷薇的枝条十分柔软，因此可以将其花茎前端放在小花瓶的瓶口边缘处。/鹅黄美人蔷薇等。

从2楼向下看时藤架的风景。由于枝条开始向内部伸展，因此会在今年冬天对其进行修剪牵引作业，以减少枝条数量。

从天井望去是一片蓝天，
好像一间通风良好的屋子一样。

　　在令人感到舒适的蓝天下绽放着白色或杏色的小花。3年前这座庭院的主人与我们进行商量，说能否使用藤本蔷薇为这座庭院搭建一个篱笆。这个小庭院的面积约有两辆汽车大小，能否使用藤本蔷薇将其整个包裹起来。于是我们提出了一个方案，在庭院中搭建一个兼有篱笆功能的藤架。由于庭院的主人希望在蔷薇绽放之际，路上的行人无法从道路一侧看见庭院的内部，因此我们选种了阿伯里克·巴比埃蔷薇、野蔷薇、藤本夏雪蔷薇、鹅黄美人蔷薇、皮埃尔·德·龙沙蔷薇、皮埃尔·欧格夫人蔷薇等生长较为旺盛的蔷薇品种。下苗至今已有3年。今年庭院中的蔷薇枝条伸展极为旺盛，绽放的花朵和产生的绿色均是去年的2～3倍。实际上我们是想主要使用阿伯里克·巴比埃蔷薇将庭院环绕起来，来打造一种风景，并以此为基础进行了设计，但所有藤本蔷薇的生长都超乎了我们的想象。被藤本蔷薇彻底包裹起来的庭院就像张贴了一层花朵壁纸的屋子一样。庭院中飘满了蔷薇的甜香，置身其中，整个身体都好像轻盈地飘浮在空中一样。

　　从花期结束一直到夏季，藤本蔷薇会长出许多杂乱的粗壮枝条，但如果像这个庭院一样不将其剪去而是悉心照料的话，庭院里开的花会越来越多。

枝条伸展达四米的prosperity蔷薇。白色花束一般的花朵在枝头低垂。这种花多季开放，一直到晚秋时节都会点缀着这座庭院。

part 2

現代庭院

Modern Garden

东京都杉并区

如果所有的墙壁上都绽满了蔷薇会如何……
在这个愿望的驱动下，
我们会打造一道优雅的风景。

墙壁上爬满了白色蔷薇的房屋

藤本蔷薇可以生长在房屋墙壁上、拱门上、篱笆上……藤本蔷薇的枝条可以在房屋或庭院中的很多地方延伸，人们可以一边融入这种氛围一边欣赏美丽的花朵。如果绽放在现代建筑物的墙壁上，那么藤本蔷薇也变得现代了。

描绘出一幅精致又富有都市气息的蔷薇美景。

如果蔷薇绽放在高处的墙壁上，则基本上需要站在凳子或梯子上才能进行作业。如果在花期进行作业，则好像整个人都浮在花海中一般。

在面前的拱门上绽放的是约克郡蔷薇。正面内侧的雪雁蔷薇则在二楼的窗边绽放。左手边的屏风上则以藤本夏雪蔷薇为中心。

种植着雁蔷薇至今已是第四年，蔷薇整体已经很有量感。站在离蔷薇稍远的地方眺望整体，可以看出枝条的数量还有很大不足。

个性丰富的白色蔷薇聚集区

虽然说是白色蔷薇，但其颜色稍有差异，有的白色包含有粉色或黄色，有的白色有透明感，有的白色则呈现乳白状。此外花形、大小、枝条的性质也各有差异，要充分发挥它们各自的特性，分开使用。

藤本夏雪蔷薇在绽放时花瓣呈荷叶边状。枝条上基本没有棘刺。

花朵呈半重叠式开放，花瓣含有淡淡的粉色的帕鲁·多利福特蔷薇。

约克郡蔷薇的黄色花蕊十分可爱，它的花朵向上开放。

阿伯里克·巴比埃蔷薇的花朵绽放在细长柔软的花茎上，其大小花瓣复杂的重叠在一起。

雪雁蔷薇的细小花瓣十分轻盈，有如水鸟的羽毛一般，看起来像雏菊一样。

如果说到身边可以充分发挥蔷薇特性的地方，那就是墙面了。即使是很小的花坛或者是花钵，只要在其附近有墙面，便可以把蔷薇牵引到它上面去。也就是说如果种的是藤本蔷薇，它能够将花开满人们想象不到的地方。Oakenbucket照顾这个庭院已是第4年，如今广阔的墙面上已经绽满白色的蔷薇了。

在房屋的墙面上描绘出一道立体的风景

装饰着这栋3层小楼东侧墙壁的是雪雁蔷薇。这种蔷薇的枝条可延伸至7米长，从一根枝条中分出来的枝条便可从一楼的窗户周围攀爬至2楼的阳台上，人们抬头之间便可以欣赏到这道风景。蓬松轻盈的白色花朵有

如水鸟的羽毛一般。凝神望去，似乎都可以感受到绽放的白花与枝条鲜嫩的绿色所散发出来的气息。这种蔷薇多季开放，一直到晚秋或初冬前后，那时人们可以欣赏到它结出的小小的红色果实。

在南侧，为了打造一个外部视线无法观察的空间，我们建造了一块高大的屏风，将庭院和房屋的一楼隐匿其中。牵引过来的藤本夏雪蔷薇即使是在细小的枝条上都可以开花，且少棘刺，因此是一种最适宜牵引到大型篱笆或屏风等上面的生长茂盛的蔷薇品种。在开花时，带有荷叶边的花朵呈花束状绽放，将房屋与房屋之间隐匿在叶子中间，这样一来虽然屏风内部的人可以窥见外面的情形，但是从外面却看不到屏风里面的世界。

首先在这个庭院中开始绽放的是黄色的木香花。
我们将它牵引到了建筑物的西侧。

西侧种植着暖色系的花朵

上）凯瑟琳·莫利蔷薇开的基本上都是小花，有一种
婀娜多姿的效果。
左）在大门的右侧是以藤本夏雪蔷薇为中心的白色屏
风。粉色系的凯瑟琳·莫利蔷薇、方丹·拉图尔蔷薇则
种植在西侧。

Modern Garden ①
现代庭院

种植在水钵中的白色木香花。这里仅白色
蔷薇便有10种之多。

蔷薇的里外两侧犹如两个世界，从而打造了一个静谧的空间。

将各种蔷薇搭配在一起

不同的蔷薇花形、颜色、大小、香气各有不同，品种丰富。其中藤本蔷薇的枝条属性特别多样化。其中有的横向延伸，有的纵向垂直延伸。既有不足2米的半藤本性蔷薇，也有放养时枝条能够长达10米的蔷薇，因此相较于花朵，选择藤本蔷薇时更应该注重枝条的性质。

藤本夏雪蔷薇的枝条向上延伸，因此在南面的屏风上与不同性质的白色蔷薇搭配在一起。恰好镶嵌在屏风底部的是约克郡蔷薇，它的枝条横向伸展，花朵朝向上方开放。在屏风上部横跨东西的是同样枝条横向伸展的阿伯里克·巴比埃蔷薇。这些蔷薇与四季开花的冰山蔷薇交织在一起，打造了一面除了春季在别的季节也可以观赏蔷薇的屏风。另外，根据庭院主人"想让蔷薇绽放在房屋的所有墙壁上"这一希望，Oakenbucket现在正在计划搭建新的蔷薇花墙。

随着使用蔷薇搭建的风景增多，飘落的花瓣数量也随之增加。人们从庭院的外面便可以听到使用笤帚清扫花瓣时发出的轻快声音。

我们在窗户的周围牵引了鹅黄美人蔷薇，它与墙壁那古朴素雅的砖瓦色十分相称。

在正门处绽放的是藤本冰山蔷薇。冰山蔷薇有木本和藤本两种属性的品种。藤本冰山蔷薇只开放一季，绽放时花朵的重量将枝条压弯，它垂于枝头的样子十分秀逸。

与蔷薇一同成长

东京都东村山市

元气满满的孩子们在这片被藤本蔷薇所包围的『秘密基地』中玩耍成长。

10年前我们受这家幼儿园的委托，对它的庭院进行设计。站在这座庭院的内部，对面望去便可以看到狭山丘陵的绿色。庭院中可以见到可爱的长椅和单杠，我们在设计时首先要考虑的便是不能让蔷薇的棘刺伤害到小孩子们。因此我们选择种植棘刺较少的藤本夏雪蔷薇和完全没有棘刺的黄色木香花等让人比较放心的品种。但令我们感到意外的是，幼儿园告诉我们"蔷薇有棘刺不是理所当然的吗？"，它们认为在这方面考虑过多会使庭院显得不自然，因此我们也小心翼翼地种下了带有棘刺的蔷薇。

孩子们和家长们一起参加的蔷薇聚会如今已经成为这个幼儿园每年必不可少的活动之一了。

在完成庭院的搭建工作后，我们在砖瓦围墙和园舍之间种植了皮埃尔·德·龙沙蔷薇，在它的下面有一片可爱的秘密基地，孩子们可以在这里玩过家家，并用蔷薇的果实来招待其他小朋友。有的孩子将散落在地上的瑞伯特尔蔷薇的花瓣装饰在用沙子做成的"蛋糕"上面，说着"小心点不要将它压散了"，还有的孩子小心翼翼地搬来凳子，兴致勃勃地看看。请一定要让蔷薇永远留在孩子们的记忆中啊……

上）枝条从篱笆上低垂下，上面绽放的是稍稍带点粉色的红色小花之王，被装饰在沙子"蛋糕"上的瑞伯特尔蔷薇。白色的是冰山蔷薇。
右）黄色的木香花一直延伸至2楼的阳台，渲染了整面砖瓦墙壁。虽然只有一株，但是它生长的枝繁叶茂，在冬天需要花费2天左右才能完成它的牵引及修剪工作。

在5月的天空下绽放的冰山蔷薇，好像在给刚入园的孩子们加油打气一般。蔷薇会作为美好的回忆留在孩子们柔软的心间。

开花如此之多的杰奎琳·杜普雷蔷薇可谓少见。呈半重叠状绽放的大片花瓣的中心可以看到红色的花蕊。/其他的是芭蕾蔷薇。

庭院里迎来了几个架有不同品种蔷薇的拱门

东京都杉并区

架着粉色蔷薇的拱门，架着白色蔷薇的拱门，多个拱门连接在一起，引导着人们从庭院中走向屋门。

Modern Garden ③
现代庭院

一边是架着粉色蔷薇的拱门，一边是架着白色蔷薇的拱门，中间拱门上葱郁的绿色将它们分隔成了两个不同的世界。从这边望去，对面是白色的普兰特夫人蔷薇。

房屋旁还绽放着数十朵单层重叠花瓣的小花，它便是可爱的芭蕾蔷薇。用它装点起来的粉色拱门对于过路的人来说可谓是偶像般的存在，极受欢迎。

白色的墙壁上搭配着黑色的窗框，在这种文雅的氛围中映衬着一种美丽的花色，有如迷迭香的象牙色一般。

在拱门上绽放的普兰特夫人蔷薇，看起来十分清爽。一株蔷薇可以装点三个拱门。空气中散发着蔷薇的甜香，脚下是一丛丛鲜嫩的绿色。

　　这里是一座面临沿河小路的庭院。夕阳西下时，有很多人沿着这条小路散步，欢声笑语也从那里传来。绽放在临街内门上的芭蕾蔷薇也进入了满开的状态。数十朵可爱的粉色小花临街绽放。这座被蔷薇装扮起来的拱门，确实可爱得让人不禁赞叹。

　　其实这个庭院中拱门的设计还另有玄机。首先，我们从芭蕾蔷薇下面穿过，朝里面望去，那里出现了一座由树木搭建成的拱门。在这里我们好像被继木那迷人的绿色所吸引一般，继续向第2个拱门里面望去，我们便看到里面的白色普兰特夫人蔷薇。白色和绿色将3个拱门连接在了一起，共同组建了一幅具有现代气息的风景。

上）阿伯里克·巴比埃蔷薇的大小花瓣复杂的重叠在一起，开起来十分豪华。雪雁蔷薇多季开放，花形较小，图中是将这两种蔷薇组合在了一起。

右）除了由Oakenbucket负责打理的拱门和墙面以外，这座庭院的其他部分基本上都是由庭院的主人自己照顾的。/此外还有芭蕾蔷薇、朱诺蔷薇等。

白色的墙壁上映着挂着的蔷薇

Modern Garden ③
现 代 庭 院

考虑光照因素时拱门的搭建方法

将多个拱门连接在一起，并将蔷薇牵引到上面的话，便可以搭建起一座使用蔷薇构成的走廊。

虽然我们很难舍弃在由蔷薇构成的走廊中穿行的乐趣，但我们更建议在拱门与拱门之间留有一定的间隔，从而搭建起一组连续的拱门。也就是说，由于走廊的内部密不见光，因此拱门内侧基本上看不见什么花。但如果让拱门与拱门之间留有一定间隔，保证光照的话，则蔷薇会在内外两侧绽放，从而创造出一处豪华的蔷薇美景。

另外，当花朵开始绽放时，用麻绳紧紧绑缚的枝条会有少许向外延伸。这时在拱门下穿行的话，可爱的枝条会下垂到你的眼前，空气中也会弥漫着甜香。这一情景也令人陶醉。

在现代的白墙壁上绽放着清秀的蔷薇

纯白墙壁上面的窗框是黑色的。庭院的主人提出"在花期时自不必说，冬季深色的枝条在白色墙壁上蜿蜒的景色也很棒"，因此我们在粉刷墙壁时为了与蔷薇相搭配而选择了纯白这个特殊的颜色。

在玄关周围绽放着白色的阿伯里克·巴比埃蔷薇和看起来令人心静的紫色黎塞留主教蔷薇，营造出一种成熟的氛围。

在往墙上牵引蔷薇时，虽然通常要在墙壁的左右和上下钉上钉子，它们之间用铁丝相连接，但是在这里有时也会利用排水管上的换气口，将铁丝纵向固定在上面。这样虽然使用铁丝的根数减少了，但是可以让蔷薇更加平稳的绽放在上面。用白色的蔷薇来装饰窗户的话，可以营造出一片充满幸福的风景。

欧式风景

东京都武藏野市

用砖瓦搭建起来的屋子和高贵大气的蔷薇搭配起来，使这个街角有了一种欧式风格。

左）在砖瓦墙壁上蜿蜒生长的是开着深粉色小花的安吉拉蔷薇和白色的藤本夏雪蔷薇。

下）在砖瓦墙壁的背景下绽放的红花玫瑰。这种蔷薇的大小花瓣交错重叠，呈杏色，绽放起来十分袅娜。

在房屋厚重的砖墙下绽放的是杏色/米黄色的红花玫瑰。该花花形较大，有蓬松感，香气浓郁。这里是一座有着多季开花的英格兰蔷薇、四季开花的安吉拉蔷薇等品种，除了春季以外均有多种蔷薇同时绽放的多彩庭院。而且这座庭院没有大门，十分开放，因此营造了一种如果靠近便想驻足眺望的氛围。这座正在打理的庭院好像成为附近人们沟通交流的场所。

由于庭院的墙壁上都贴有瓷砖，因此大多数蔷薇都种在花钵之中。就连花形较大的皮埃尔·德·龙沙蔷薇和银禧庆典蔷薇都在大个的赤陶花钵中绽放。也就是说，即使是采用简单的花钵种植，也可以欣赏藤本蔷薇。因此给庭院变换风格是一件非常简单的事情。

玻璃桌子、椅子和水钵等配件装饰着庭院。/
银禧庆典蔷薇、皮埃尔·德·龙沙蔷薇、薰衣
草之梦蔷薇等。

大型蔷薇的故乡
漂浮着欧洲街头的气息

皮埃尔·德·龙沙蔷薇从萌芽到花谢的
过程中会变换各种各样的表情。从花
的边缘呈浓粉色，到整个花瓣最终被
淡色所渲染。

另外，由于庭院的主人说"我
想养的蔷薇很多很多"，并添置了
过多的花钵，因此在3年前将靠近篱
笆的瓷砖剥下一部分，在地上种了
几株蔷薇。其中的一株便是当下正
处于满开状态的红花玫瑰。此外还
添加了花形虽小但紫色很有视觉冲
击力的蓝色攀登者蔷薇和有着红色
和黄褐色等多种颜色的鸡尾酒蔷薇
等具有个性的蔷薇。人们可以享受
一个与砖瓦房子相协调的庭院。

在篱笆上绽放的紫色的蓝色攀登者蔷
薇和复色的鸡尾酒蔷薇。稍微有些强
烈的色调与现代化的房屋极为相称。

十余年来一直照顾的这株藤本冰川蔷薇，如今有一种被它凝视的感觉。

简单的白色蔷薇

Modern Garden
现代庭院 ⑤

东京都世田谷区

由枕木铺就的木地板代表了硬的元素，白色的蔷薇和绿色的枝条代表了软的元素，二者结合，描绘出一幅优雅的风景。

悠然绽放在用枕木搭就的木架上面的冰山蔷薇，有一种清爽成熟的感觉。/此外还有Paul's scarlet climber蔷薇、masako蔷薇等。

　　将房屋和庭院柔和地整体包裹在一起的，是绽放的藤本冰山蔷薇。这种蔷薇的花瓣多层重叠，毫无矫揉造作之态，大量的花朵镶嵌在墙壁上，景色十分优美。还有一种蔷薇开花多，生命力顽强易成活，被称作代表20世纪的名花，它有一个可爱的名称——白雪姬。这个铺着木地板的庭院给人以强硬的印象，但仅需一株白雪姬，便可以将其变得温婉柔和。虽说如此，现在也只开了三分。

我们将白色灯光蔷薇和藤本夏雪蔷薇牵引到西窗。这两个品种的蔷薇花茎前端较短，花形较小，与花朵低垂在枝头的藤本冰山蔷薇不同，别有一番风情。

白色蔷薇在庭院中踊跃开放，颜色如雪，看起来十分清爽

在花开始绽放后，需要将绑结着的麻绳稍稍解开一些。绽放的花朵分散低垂在枝头，排成一道道柔软优美的曲线，构成一道情绪丰富的风景。

上）像融入了春日阳光一样的柔和的黄色。
左）由于黄色木香花连细枝的前端都会挂花，因此一定要在花期将它绑结着的花枝稍稍松开，来欣赏它低垂于枝条的美景。

蔷薇的花期从暖黄色的木香花绽放开始

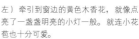

左）牵引到窗边的黄色木香花，就像点亮了一盏盏明亮的小灯一般。就连小花苞也十分可爱。
右）到去年年底，我们一直是在右侧搭建一个棚子，将整个空间塞得满满当当，今年我们将它改成了拱门，因此整个庭院都变得敞亮了起来。

之后花会越来越多，花开的白色会逐渐遮盖住叶子的绿色。花间早早地伸展出了几支健硕的新枝（参考P106），这些新枝条非常重要，关系到来年开花的多少。因此我们不能随意将它剪除，为了不让它对现在正在绽放的花朵造成阻碍，要将它引入旁边的枝条与枝条之间。现在我们要在花满开的状态下观察整体，以确认是否将枝条进行了均匀地牵引。

首先从黄色的木香花开始

黄色木香花恰巧在染井吉野樱凋落的时候绽放，它宣告了蔷薇花季的到来。就像关注樱花的开花信息一样，我们也在为这种蔷薇何时开放而焦灼不安。由于木香花在季节交替之际绽放，因此每年都很难预测它的开花时间。今年木香花开花较早，之后又一直延续着低温天气，因此能比往年多欣赏一段时间。

事实上黄色木香花是一种替代品种，用来代替没有顺利完成移栽而枯萎死亡的蔷薇。10年前在不起眼的地方种下的一棵木香花，10年后已从拱门上延伸至东边窗户的周围，并一直伸展到后门，开满了黄色的小花。在寻求温暖的季节里，这一抹给人以温暖印象的黄色一定让所有人都感到安心吧。

蔷薇的生长地点由棚子变换到拱门上

　　这个拱门是今年开始搭建的，去年的时候这里还是一个棚子。由于藤本蔷薇在冬季进行修剪牵引作业时需要把绑结起来的枝条全部解开，因此可以在那时将棚子改建成拱门。改建后光照条件和通风条件都有所改善，枝条上绽放的花朵也多了许多。接下来要考虑的是将拱门上蔷薇的枝条前端进一步牵引到道路两侧的篱笆上去。现在在篱笆的缝隙中可以看到少许黄色的小花，来年究竟能开多少花呢，让我们拭目以待。

黄色木香花单季开放，花瓣呈多层重叠状，花形较小，开花较多。也有的花朵花瓣呈单层重叠分布。

阿尔奇米斯特蔷薇（中央）和保罗的
喜马拉雅麝（右侧）在绽放着，好像
在讲述着这个家族的回忆。/其他的是
雪雁蔷薇。

用藤本蔷薇将房屋
与房屋连接起来

Modern Garden ⑥
现代庭院

今后会将藤本蔷薇牵引到
这座新的小望楼上。

临街的大门上架着一道拱门，阿尔奇斯特蔷薇便在这上边绽放。它在绽放初期中心呈现深深的橘色，之后颜色逐渐变淡，是一种具有个性颜色的蔷薇。右侧淡粉色的小花是保罗的喜马拉雅麝。由于要照顾的是这2株种植历史已有20年的蔷薇，因此我们伸出了援手。

这两种蔷薇生长极为旺盛，可以说并不适于初学者种植，但庭院的主人被它们的美丽所吸引便将其买下。或许是太珍爱这两株蔷薇的缘故吧，它们一直都不开花。

这是一处有台阶很难摆放凳子的地方，但我们将保罗的喜马拉雅麝那长达10米的枝条固定在墙壁上，方便打理。

将房屋连接起来的3种藤本蔷薇

保罗的喜马拉雅麝（右）和雪雁蔷薇（左）的花都是低垂于枝头，绽放在枝条前端，开出的小花极具魅力。它们生长在车库的墙面上，因此为了不影响车库大门的开关，我们将它们牢牢地进行了固定。中央的蔷薇是阿尔齐米斯特蔷薇和雪雁蔷薇。

　　的确，在5年前庭院的主人找我们商量时，这2株蔷薇的状态绝对算不上好。但是听完庭院主人的描述后，我们明白这2株蔷薇凝聚了这个家族的回忆，因此想着一定要设计一座以这2株蔷薇为中心的蔷薇庭院。

　　在庭院中有两幢房屋，一边种的是保罗的喜马拉雅麝，一边种的是雪雁蔷薇。如果有一座用白花藤搭建的拱门将两幢房子连接起来，再将阿尔齐米斯特蔷薇牵引到上面，就可以打造一座3种蔷薇交织在一起的庭院。由于庭院中的蔷薇牵引的位置比较高，因此不用凳子的话无法打理。但在通往后门的悠长通道处，低矮的篱笆上种植着很多科尔涅利雅蔷薇、国王蔷薇、灰姑娘蔷薇等便于自行打理的蔷薇。庭院的中央的设置了一处望楼，打造了一处可以一边欣赏蔷薇，一边喝茶吃东西的休闲空间。

西北侧的窗户处花开得很好，因此将生命力顽强的黄昏蔷薇和野蔷薇牵引到了这里。

让一株蔷薇
得到充分绽放

东京都武藏野市

从花开满堂的季节到花枝凋零的冬季，一年中只欣赏这株蔷薇。

黄色木香花的花瓣呈多层重叠状，蓬松柔软。此外还有花瓣呈白色且单层重叠排列的白木香花。

这里是黄色木香花绽放的庭院。这里也仅有一株木香花。牵引到墙面的枝条伸展到了2楼的阳台处，在1楼的窗边可以看到挂满了蓬松的黄色小花的枝条。其他的枝条将停车场和通往玄关的小路分隔开来，一直延伸至门柱处。虽说木香花是单季开放的蔷薇，但是人们说它是一种"冬季可以赏枝，早春可以赏新芽，从夏季到秋天可以欣赏它的深绿，一年四季都有的欣赏"的蔷薇。一旦它开始开花，无论如何干旱，无论气温有多低，人们都希望它开的时间尽量长一些。

黄色木香花的花瓣呈多层重叠状，蓬松柔软。此外还有花瓣呈白色且单层重叠排列的白木香花。

虽然看起来好像开了很多花，但实际上这只是满开状态的1/3左右。如果低温状态持续的话，它的花可以供人们欣赏近一个月，绿叶在夏天可以阻挡强烈的光照。

玄关处可爱的蔷薇。我们在不影响门开闭的位置上，对枝条的长度进行了调整。

群星蔷薇和穆里加尼蔷薇都是可以牵引到脚边高度的蔷薇。一只小狗在蔷薇的洁白与甜香面前眯起了眼睛尽情享受着。

每年在花瓣呈重叠状的群星蔷薇开完后，单层花瓣的穆里加尼蔷薇才会绽放。今年这两种蔷薇同时绽放，形成了双重花墙。

Modern Garden ◇8◇
现代庭院

东京都武藏野市
我们一直小心翼翼地培育着这4株蔷薇，打造了这面巨大的花墙。

经过10年时间培育出的白色花墙

可爱的蔷薇从头上的拱门上低垂下来。无论是粉色的小花苞还是绽放开的白色小花，巴尔的摩·拜尔蔷薇都十分可爱。

阿伯里克·巴比埃蔷薇缠绕着与邻居家分界的篱笆，并一直延伸到墙面、玄关，全长约10米。我们也在计划进一步充实这株蔷薇。

　　覆盖着这栋房子1楼的，是白色的群星蔷薇和穆里加尼蔷薇。虽然这栋花墙是为了将窗户隐藏起来，但是10年后的今天枝条蔓延，屋中被遮挡的越来越暗。

　　即使如此，庭院的主人还是表示"与明亮的房间相比，我更想要漂亮的蔷薇"，并期待着这面令人满意的蔷薇花墙每年都能够有所增长。今年这两株蔷薇同时绽放，同往年相比好像增添了很多白色。在门上搭建的拱门上绽放的是可爱的巴尔的摩·拜尔蔷薇，它会从粉色的花苞逐渐变为白色的蔷薇。从门下穿过，你会看到白色的阿伯里克·巴比埃蔷薇在篱笆和墙面上延伸，这样一来屋子中和庭院中都绽满了白色蔷薇。但这个庭院中只有4株蔷薇。相较于种植新的蔷薇，全体家庭成员们的愿望之一便是"好好照顾这4株蔷薇，让它们开出更多的花"。

part 3

购入一些具有现代气息的杂货

with antiques

如果入手一些生锈的铁杆大门、拱门，或因使用时间过长而油漆掉落的长椅等，则会进一步衬托出蔷薇的新鲜感与色彩的鲜艳感

现代庭院

with antiques

在绿色的庭院中绽放的蔷薇

东京都国分寺市

在生锈的铁门内部，在那一片郁郁葱葱的绿色之中，是一片静谧的庭院。藤本蔷薇在那里静静地绽放

从白色的板壁间绽放的是群星蔷薇和珀尔德尔蔷薇。绿色的庭院搭配长着红色铁锈的大门，美人以深刻印象。

给老篱笆和长椅重新刷漆，也是打造蔷薇庭院过程中的乐趣之一。

被刷着白漆的篱笆包围起来的，是一片因各种落叶树而郁郁葱葱的庭院。在篱笆的缝隙间，蔷薇的枝条自然地从中伸出，有白色的群星蔷薇和粉色的珀尔德尔蔷薇。绽放的蔷薇与生锈的铁门并排，这道风景有些保守，甚至说有些单调，但即使如此，引人入胜的是那座让人想入内一观的庭院。

正因为庭院绿的浓烈，蔷薇才更美

推开铁门进入庭院，在白色的板壁上绽放的粉色的威思利蔷薇直入眼帘。这种蔷薇虽然花形较小，但色彩鲜艳，十分可爱，与之相搭配的是蓝色的铁线莲和高高的大阿米芹。将它们种植在这里，好像迎接来客一般，后面大门上细细的阿拉伯式花饰则增添了一分美的气息。

在阿拉伯风格的篱笆上，牵引着藤本蔷薇和藤本铁线莲。/威思利蔷薇。

古色古香的水鸟摆件将这个小空间变得有趣起来。实际上这是一个雀瓜。

板壁上也牵引了一株铁线莲。一只小猫从窗户中探出头来，凝视着正聚集在唐棣属植物旁的野鸟们。

威思利蔷薇的枝条细且柔软，它的花朵不是很大，因此适合在狭窄的庭院中种植。花开时有香气。

掩映在绿色中的唐棣属植物的红色果实，野鸟们可以以它为食，因此聚集在它的周围。

　　闪耀在浓密绿色中的是有如红宝石一般的红色果实。那是在晚开的蔷薇绽放之时结出的唐棣属植物的果实。

　　旁边放置了一套桌椅，一株藤本蔷薇的枝条从上面垂了下来。虽然这是一支花期已过的野蔷薇的枝条，但当除野蔷薇外其他的蔷薇进入花期后，也会与桌子形成搭配，使人们能够在眼前便欣赏到美丽的蔷薇。在篱笆旁边还有一株蔷薇，群星蔷薇的枝条同样在它的上方垂下，有如花束一般。

篱笆也与生锈的铁杆组合起来，形成了一道独特的风景。/鹅黄美人蔷薇、麝香玫瑰、prosperity蔷薇等。

蛇莓的旁边是森蔷薇,它开的花像草莓一样。

单层重叠花瓣的小型蔷薇大集合

单层重叠花瓣的小型蔷薇像野花一样可爱和温和,与形状复杂豪华的蔷薇形成对比。

淡雪蔷薇的花瓣紧密结实,呈纯乳白色。

呈团簇状绽放白色小花的麝香玫瑰。

松鸡蔷薇刚绽放时呈淡粉色,后来逐渐变成白色。

中心呈杏黄色的保罗·阿鲁夫蔷薇。

中心呈淡黄色,花瓣边缘呈粉色的亚历山大蔷薇。

with Antiques
现代庭院

在藤架上绽放的松鸡蔷薇。它的花瓣呈杏粉色,浓淡相宜,小小的叶子十分可爱。它的长势十分旺盛,一边开着花,一边延伸出许多细小的枝条。

纯洁的单层重叠花瓣蔷薇

我们经常给板壁和篱笆重新刷漆,重新摆放椅子的位置,享受着搭建庭院的过程,但事实上3年前便已经开始这项大规模的庭院改造工作了。如今我们要稍稍控制蔷薇的数量,打造一个以庭院中树木的绿色为中心的庭院。之前这座庭院中长满了鲍比·詹姆斯蔷薇、基夫茨盖特蔷薇、中华野蔷薇等。

这些都是纯洁的单层重叠花瓣蔷薇品种,看起来十分清爽。基本上都属于野玫瑰或与之性质相近的蔷薇品种。与可爱的花朵相反,这些蔷薇都长有棘刺,枝条的生长极为旺盛,特别是松鸡蔷薇的生命力极为旺盛,垂下的枝条如果接触到地面,接触的部分都会扎入土中生根发芽。因此我们果断对它们的枝条进行修剪,将这些无限生长的蔷薇从土中挖出,种在花钵中。

现在,我们也要在注意那些生长旺盛过度伸展的枝条的同时,将淡粉色的松鸡蔷薇牵引到藤架上,将白色的野蔷薇或麝香玫瑰牵引到篱笆上。在这座庭院中,我们可以欣赏到约10种单层重叠花瓣蔷薇。

这张照片中描绘了一幅别具风情的风景。如果坐在长椅上，在触手可及的地方便有藤本蔷薇垂下的枝条。/威斯利蔷薇、亚历山大蔷薇。

59

淡粉色的新黎明蔷薇和白色的藤本夏雪蔷薇装点了蓝色的窗边。

绽放在砖瓦围墙上的蔷薇让在车站等车的人们得到了视觉上的享受。/金色之翼蔷薇等。

现代庭院

成为街角一景的庭院

东京都武藏野市

拱门上的红色蔷薇也好，在砖瓦围墙上绽放的白色蔷薇也好，都是街头一道不可或缺的风景。

这个地方紧邻公交路线，而且门前就是公交车站。在古色古香的砖瓦围墙上绽放的蔷薇和在青铜色大门上绽放的茶色奶油硬糖蔷薇给许多人带来了视觉上的享受。

越过围墙向庭院中望去，首先映入眼帘的便是高大的树木。其中生长在杨梅树上的，是特雷加·特洛夫蔷薇。这种蔷薇的攀高性能很好，其枝条可以延伸至杨梅树的顶端，之后自然垂下。大大的蔷薇花从4米高的树木上垂下来，看到此景，可能有很多人都想不到这是蔷薇花吧。之后将一部分垂下来的花枝牵引到车库上，将这个影响整体观瞻的车库的顶端变成杏色，打造一片可爱的花的世界。

另外，虽然樱花树的树冠会产生很大的树荫，使蔷

特雷加·特洛夫蔷薇的枝条能够长达8米

这种蔷薇的花色会从淡杏色逐渐变化为粉色、白色，花形较小，呈杯状，非常可爱。在这座庭院中，其8米长的枝条被利用在了车库的房顶上。它春天时的新芽，秋天时的红叶都很美丽。

绽放在梯子形拱门上的鸡尾酒蔷薇。上面挂着的旧鸟笼使这片蔷薇景色更加令人印象深刻。右上方茶色的树干便是樱花树。

在阿拉伯式青铜色的大门的旁边，有一株茶色的奶油硬糖蔷薇，给人以成熟的感觉，十分漂亮。

薇很难生长，但由于这株鸡尾酒蔷薇在这座庭院中已经生长多年，长势非常旺盛，因此肯定可以开出红色的花朵。打造一座蔷薇庭院的关键在于根据种植的场所来挑选蔷薇，或者根据蔷薇来搭配种植的场所。

在英式古香古色的家具上喝茶。可以充分享受在蔷薇盛开的家中生活的乐趣。

在藤本冰山蔷薇花期结束后绽放的白色桑德斯蔷薇。如果挑选开花时间不同的蔷薇，则可以多次欣赏到蔷薇绽放的美景。

东京都国立市

将土地种植和花钵种植结合起来，在有限的空间内描绘出一片完整的蔷薇风景。

为了欣赏室内设计而搭建了蔷薇庭院

这栋房屋从材料到墙面的粉刷都经过了仔细设计。庭院的主人想搭建一座与房屋相称的庭院，因此打造了这座蔷薇庭院。/ 藤本冰山蔷薇、亨利·马丁蔷薇等。

这座庭院自正式种植蔷薇起至今已有5年。在开始种植的第2年便开了许多花，将房屋的墙壁装饰了起来，藤本冰山蔷薇成为这扇窗户上不可或缺的一道风景。在藤本冰山蔷薇的花期结束后，接下来便是在藤架上绽放的白色桑德斯蔷薇。藤架上开满了小花，使整个单季花期内都持续着浪漫气息。这些蔷薇的长势旺盛，"这里好像具备了充分培育蔷薇的所有条件，因此枝条延伸的超过预期"，这反而给人们带来了困扰，但人们同时使用土地种植和花钵种植两种方法，在有限的空间内绽放出了更多的蔷薇。为了用花钵种植的蔷薇改变房屋的模样，因此我们在其开始绽放时便开始移动它们的位置。并把它们摆放在视觉效果较好的地方。

另外，随着花期临近，要再次确认枝条的样子，保持整体的平衡，对蔷薇的枝条进行少许的调整，为了使枝条垂下来而将绑结住的枝条稍稍松开。这样复杂操作的好处可能在于能把一朵花做出多朵花的效果。

今天也有很多亲友来参观这座庭院。牵引着藤本冰山蔷薇的窗户的前面放置了古香古色的桌椅，同时也准备好了香茶。

这扇窗户所在的是一座英伦式的砖瓦房屋。由于房屋的主人希望欣赏窗边攀附着蔷薇的风景，因此并不介意因蔷薇的阻挡使得房间里光线变暗。/藤本冰山蔷薇、皮埃尔·德·龙沙蔷薇、索伯依蔷薇

装点着庭院的
英格兰蔷薇

东京都杉并区

将香气浓郁、色彩鲜艳的英格兰蔷薇装饰在围墙或庭院大门上，搭建一道美丽的风景。

with Antiques
现代庭院 **4**

蔷薇之间好像展开了一场接力，先是粉色的蔷薇绽放，之后便是黄色的蔷薇绽放。

鲜艳的粉色波旁女王蔷薇凋零后，紧接着绽放的便是淡黄色的皮尔格姆蔷薇，颜色变换之间，有如给庭院的大门重新刷漆一般。

庭院的主人喜欢蔷薇已经有很多年了，当蔷薇在日本市场上还没有普及时，他便已经开始培育英国产的英格兰蔷薇了。英格兰蔷薇中最有名的康斯·斯普莱蔷薇和玛丽蔷薇将这道长长的砖瓦围墙装点得色彩缤纷。这些半藤本的蔷薇多种植在花钵和花坛中供人欣赏，而在这座庭院中则早在10年前便与其他品种的蔷薇搭配在一起，被庭院的主人牵引到了围墙和庭院大门上。每年这里的蔷薇都开的十分鲜艳，在喜爱蔷薇的人们中间成为众所周知的一道风景。

庭院的主人将这里冬季的修剪牵引工作交给Oakenbucket至今已有8年了。每年春天最有趣的，便是在庭院的大门上绽放的波旁女王蔷薇。

上）围墙的右侧。首先将枝条放在围墙上，之后从那里分为两叉，将枝条向左右两边牵引。
左）由英格兰蔷薇中的玛丽蔷薇、康斯·斯普莱蔷薇，古典玫瑰中的马美逊的纪念蔷薇装点起来的砖瓦围墙。

将英格兰蔷薇和古典玫瑰牵引到拱门和墙面上

蔷薇在拱门上绽放，它的影子则落在了桌子上。/詹姆斯·梅森蔷薇、赫里蒂奇蔷薇等。

　　这个品种的蔷薇花期早，开花数量非常多，使温和的春天变得热闹起来。在这之后开花的是淡黄色的皮尔格姆蔷薇。通过在同一个地方牵引花期不同的多种蔷薇，可以让人们长时间欣赏蔷薇盛开的美景。砖瓦的颜色具有古香古色的气息，与之相搭配的大朵蔷薇同样也可以牵引到围墙下方，但这里却是附近孩子们往来的通道。为了不让枝条或棘刺伤到孩子们，因此还是决定让蔷薇在高处绽放。

蔷薇在拱门上绽放，在下方的桌子上形成一片花荫。/詹姆斯·梅森蔷薇、赫里蒂奇蔷薇。

第二章

人见人爱的藤本蔷薇图鉴

本章主要介绍了本书中登场的藤本蔷薇。请尽情欣赏这庭院的美景和每朵花的曼妙身姿吧。

有关此图鉴

＊花色、花形、大小根据栽培环境、开花时期不同，有时存在差异。

＊花的开放方式，有通过花的裁剪让花朵定期开放的四季开花，还有主要在春秋开花的多季开花，还有基本上只在春季开花的单季开花这几种。

＊花的直径在5厘米以下的是小型花，5～8厘米的是中型花，8厘米以上的是大型花。

＊◎表示香气浓郁，○表示香气适中，△表示香气较弱。

＊🍂果实的标志表示该蔷薇可以结果。

粉色

pink

由于这个颜色很受人们喜爱，因此蔷薇的品种也很丰富。要根据种植的场所选择合适的树形、枝条的延伸方式、花的大小以及形状。

安昙野

此花为单层花瓣，中心是白色，边缘为粉色。它是一种小型的藤本蔷薇，从根部可以延伸出很多的枝条，开花较晚。/单季开花，花形较小，香气较弱，结果。🍂

雷士特玫瑰

颜色为接近红色的深色玫瑰粉，花形适中，有浓郁的香气，极具魅力。花茎较短，呈紧凑的树状。主要生长在拱门、低矮的篱笆等处。/多季开花，花形适中，香气浓郁，长2米。

智慧蔷薇

此花为深粉色，呈半重叠式绽放，看起来十分柔和。花朵绽放在小枝的前端，牵引后也可以作为主花存在。棘刺较少。/单季开花、花形较小，香气较弱，长达3米，结果。🍂

安吉拉蔷薇

花开呈杯形絮状，十分可爱，花色为深粉色。由于此种蔷薇的颜色较深，因此要考虑与周边蔷薇颜色的均衡性。主要生长在墙面等处。/多季开花，花形适中，香气较弱，长达5米。

春风蔷薇

花瓣的外侧为深粉色，内侧为黄色，越到内部越呈现橘色。此品种开花较多，生命力强。棘刺较少，嫩枝较弱，开花较早。/单季开花，花形适中，香气较弱，长达4米。

昨日蔷薇

此花的花色为含有紫色的粉色，除花蕊外整花呈半重瓣状开放。是一种在墙面、栅栏、拱门等地方附着性较好的花卉/四季开花，花形较小，香气较弱，长达3米，结果。🍃

波旁女王蔷薇

此花的花色为粉色，带有白色条纹，花的轮廓为荷叶边，十分优雅。此花的附着性好，花柄较短，因此可以在牵引到的地方开花。/单季开花，花形适中，香气较弱，长达4米。

多萝西·帕金斯蔷薇

此花的花色为深粉色，花的体型较大，花开时呈棉团状垂于枝头。柔软的枝条向两侧匍匐伸展，占地面积较大。此花开花较晚。/单季开花，花形较小，香气较弱，长达6米。

威斯利蔷薇

此花植株较小，枝条柔软，但即使枝条很细也可以开花。花形呈杯状，十分可爱。花色为鲜亮的玫瑰粉色。/四季开花，花形较大，香气浓郁，长1~1.5米。

莫蒂默·赛克勒蔷薇

软粉色的花瓣呈蓬松状稍稍低垂于枝头。枝条坚韧，基本无刺。此花为半藤本性，也可以作为藤本蔷薇。/可反季节开放，花形适中，香气浓郁，长达3米。

春霞蔷薇

此花是藤本夏雪蔷薇的一个变种，它的枝条同样无刺且柔软，易于牵引。呈荷叶边状的花瓣在绽放时像云雾一般/单季开花，花形适中，香气适中，长达4米。

莫扎特蔷薇

此花的花色为玫瑰粉，花瓣中心为白色。此花的花形较小，开花较多，易于生长。适于在拱门、栅栏、墙面处种植。/四季开花，花形较小，香气较弱，长2米，结果。🍃

康斯·斯普莱蔷薇

此花的花色为鲜艳的粉色，开花后花形较大，呈杯状。香气中会有一种独特的甘甜。此花适于在墙面及穹隆顶棚处种植。/单季开花，花形较大，香气浓郁，长达4米。

查尔斯·伦尼·麦金托什蔷薇

此花的花色为丁香紫色，开花后呈杯状，到了秋季则变为薰衣草色。此花植株形状紧凑，适于在花坛和栅栏处种植。/四季开花，花形适中，香气适中，长1.2米。

瑞伯特尔蔷薇

花色为深粉色，绽放时呈圆杯状，十分可爱，是一个极具人气的品种。很容易便能够牵引到拱门、篱笆、墙面等处，花朵能并排绽放。/单季开放，花形适中，香气较弱，长达3米。

银禧庆典蔷薇

花色为淡红色，花瓣的内侧带有黄色。有一种浓浓的果香，极具魅力。适宜在花坛、篱笆等处生长。/四季开花，香气浓郁，长1.5米。

伊斯巴翁蔷薇

花色为淡粉色，大小花瓣重叠开放。开花较多，是一种适宜在篱笆或墙面上生长的蔷薇。很容易便能搭建起一道风景。/单季开花，花形适中，香气适中，长达3米。

藤本塞西尔·布隆奈蔷薇

花瓣为淡粉色，花形较小，有一种纤柔的氛围。花茎前端较长，直立绽放时呈喷雾器状。枝条延伸旺盛，可以在墙面或屏风上生长。/单季开放，花形较小，香气较弱，长达6米。

抓破美人脸蔷薇

白色底色上交织着深粉色，绽放时呈杯状。这种花色十分独特，能与柔和的草花形成很好的搭配。开花较晚。/单季开花，花形适中，香气浓郁，长达3米。

凯瑟琳·莫利蔷薇

初期绽放时呈杯状，后期大小花瓣重叠开放。花色为粉色，十分优雅，香气浓郁。是一种适宜在篱笆、墙面等处生长的蔷薇。/四季开花，花形较大，香气浓郁，长1.5米。

玛丽蔷薇

虽然这种蔷薇的枝条稍稍直立呈树形，但也可以搭建成拱门等形状进行欣赏。我们过去帮忙打理的一个蔷薇园的拱门上也有这种美丽的蔷薇，人们从它的下面穿过时都面带笑容。

这种蔷薇的花色为丁香花粉，绽放时呈杯状，完全绽放时可以看到里面黄色的花蕊。/多季开花，花形较大，香气适中，长达3米。

蒙迪蔷薇

白色与蔷薇粉色交织在一起，绽放时呈半重叠状。这种蔷薇为半藤本性，树形紧凑，适宜在墙面、拱门上生长。/单季开花，花形适中，香气适中，长达2米。

芭蕾蔷薇

在单层瓣蔷薇还很稀少的时候，如果在蔷薇园帮忙打理的话，会经常被人询问这种花的名称，有时一天能达几十次。此花中心为白色，边缘为粉色，可爱的名字给人印象深刻。这种蔷薇开花很多，有的时候多到花将整个植株包裹起来。最适宜在墙角生长。/多季开花，花形较小，香气较弱，长达2.5～3米，结果。

弗朗索瓦·朱朗维尔蔷薇

花色为淡粉色，花形适中，大小花瓣重叠绽放。枝条柔软，多小枝。适宜在窗户周围、墙面、藤架等处充分使用。叶子也很美丽。/单季开花，花形适中，香气适中，长达8米。

蓝雏菊

花色为淡粉色，在春天时能够充分与周边的风景相融合，易于同颜色较深的蔷薇形成搭配。到秋天便会变成杏色。棘刺较少。/多季开花，花形适中，香气适中，长达3.5米。

雅克·卡蒂亚蔷薇

花色为软粉色，绽放时大小花瓣呈多层重叠状。气味芳香。这是一种半藤本性蔷薇，适宜在低矮的篱笆或花钵中种植。/多季开花，花形适中，香气适中，长2米。

格鲁斯·亚琛蔷薇

花色为杏粉色和冰激凌白色，很有层次感。绽放时花瓣多层重叠，花形适中，很有豪华感。它的香气也极具魅力。/四季开花，花形适中，香气适中，长0.8米。

方丹·拉图尔蔷薇

花瓣较薄，花开时大小花瓣呈重叠状。适宜在窗户周围、半穹顶、墙面处生长。棘刺较少。/单季开花，花形适中，香气浓郁，长达3.5米。

科尔涅莉雅蔷薇

花色为可爱的杏粉色，花开时花瓣呈半重叠状。根据季节的不同花色也有所不同。叶子有光泽。棘刺较少，枝条较粗，便于处理，加之易于牵引，因此广受人们喜爱。这种蔷薇可以用在穹顶、墙面、篱笆等处。推荐与白色的野蔷薇进行搭配，这样更能衬托出这种蔷薇的美。/多季开花，花形较小，长达5米，结果。

西班牙美人蔷薇

花瓣呈优雅的半重叠式绽放，在微风中如裙子的裙摆一般随风摇曳。由于花朵在绽放时向下低垂，因此要让其在高于视线的地方绽放才能发挥它的美。此花在花钵中或牵引到墙面上都能够很好地延伸枝条，是一道美丽的风景。如果不剪除花蒂的话，可以欣赏到结出的大果实。/单季开花，花形较大，香气浓郁，长达4米，结果。

福罗拉蔷薇

花色为优雅的淡粉色，花形适中。花枝较细，向斜上方伸展，由于比较灵活，因此既可以装饰拱门，也可以将其牵引到篱笆上。/单季开花，花形适中，香气适中，长达5米。

新黎明蔷薇

花色为粉色，花瓣前端向外卷曲，花形十分独特。此花生命力十分顽强，适宜在穹顶和墙面等比较宽阔的地方生长。/多季开花，花形较大，香气适中，长达5米，结果。

赫里蒂齐蔷薇

花开时向下低垂，呈杯状绽放，花色为软粉色。赫刺较少嫩枝较多，植株密集铺开。此花有很强的水果香气。/多季开花，花形适中，香气浓郁，长达3米。

皮埃尔·欧格夫人蔷薇

花色为白中透粉，具有层次感，花开时呈杯状。半藤本性，枝条较细，伸展旺盛，因此可以生长在宽阔的篱笆、穹顶、藤架等处。/多季开花，花形适中，香气浓郁，长达3米。

粉红努塞特蔷薇

花色为淡粉色，稍有透明感，十分可爱。完全绽放时可以看到黄色的花蕊。此品种开花较多，生命力旺盛。可以在较高的篱笆、墙面上生长。/多季开花，花形较小，香气适中，长2米。

巴尔的摩·拜尔蔷薇

花开后花色为接近白色的粉色，花朵绽放时向下低垂，花瓣很薄，有透明感。可以将牵引到低矮篱笆上的枝条再次牵引到拱门等的上面。/单季开花，花形适中，香气适中，长达5米。

梦乙女蔷薇

花瓣中心为白色，边缘处为粉色。枝条横向伸展，将可爱的花朵镶嵌在庭院中。这是一种能够不剩下多余枝条能够完整利用的迷你藤本蔷薇。/单季开花，花形较小，长达5米。

masako蔷薇

花色为淡粉色，绽放时花瓣蓬松，稍稍向外卷曲。此花生命力顽强，易于培育，枝条和开花的数量都很多。适宜在篱笆和墙面上生长。/多季开花，花形较大，香气浓郁，长达3米。

朱诺蔷薇

花色为高洁典雅的珍珠粉，绽放时大小花瓣交替重叠，很有量感。虽然花形很大，但它的枝条很细，向下低垂，适宜牵引到墙面、篱笆上。/单季开花，花形较大，香气浓郁，长2米。

罗曼蒂克蔷薇

单层花瓣，花色为极淡的粉色，纯洁动人。植株的整体高度不高，纸条横向延伸，因此是一个适宜在低矮的篱笆上绽放的品种。/四季开花，花形适中，香气较弱，长1米，结果。🐛

nozomi蔷薇

是日本原生的迷你蔷薇。花色为淡粉色，单层花瓣，长度仅有3厘米。此品种开花较多，生命力顽强，呈放射状生长，枝条下垂。开花较晚。/单季开花，花形较小，香气较弱，长2米。

冬梅之子蔷薇

花色为柔和的粉色，绽放时花瓣蓬松。由于植株在生长过程中十分紧凑，因此适宜在拱门、篱笆的柱子、植株根部、花钵中生长。/四季开花，花形较小，香气适中，长0.8米。

慷慨的园丁蔷薇

开花初期花色为淡粉色，之后逐渐变成白色。此品种枝条延伸旺盛，生命力非常顽强。其枝条为半藤本性，适宜牵引至拱门或篱笆上。/四季开花，花形较大，香气适中，长2米。

安布里齐蔷薇

这种蔷薇的花茎非常坚挺，是一种适宜用作（切花）的蔷薇品种。春季时花色为粉色，到了秋天会变成杏色，绽放时呈杯状，十分高雅。/四季开花，花形较大，香气浓郁，长1.5米。

绯红攀登者蔷薇

这种蔷薇的枝条充分向上延伸，适宜生长在较高的墙面等地方。花形较小，绽放时花瓣呈半重叠状。花朵的中心是白色，边缘是粉色。/单季开花，花形较小，香气较弱，结果。🐛

彼埃尔·德·龙沙蔷薇

花色从粉色渐变为冰激凌色，有一种层次感。花开时呈杯状，给人一种古典印象。特别是在开花初期特别美丽。适宜生长在墙面等处。/多季开花，花形较大，香气较弱，长达4米。

草莓冰蔷薇

此花是一种木本蔷薇，但也可以像藤本蔷薇一样在篱笆和拱门上生长。花瓣为白色，但边缘为粉色，在风中飘动时如荷叶边一般。/四季开花，花形适中，香气较淡，长2.5米。

保罗的
喜马拉雅麝

此花花形较小，绽放时有蓬松感，花色从具有透明感的粉色渐变为白色。此花开花较早，生长旺盛，枝条的长度在10米以上。枝条从藤架上垂下，可以再牵引到穹顶上，或让其在广阔的墙面上延伸。如果其缠绕生长在树上的话，就好像圣诞节里点缀的节日彩灯一般。/单季开花，花形较小，香气较弱，长达10米。

松鸡蔷薇

此花为单层花瓣，花形较小，十分可爱。枝条触土后会生根发芽，生长极为旺盛。枝条较长，可以自由牵引。开花较晚。/单季开花，花形较小，香气适中，长达5米，结果。🌿

藤什罗普郡少年蔷薇

花瓣的颜色会从淡粉色逐渐变化为白色，中间为金黄色的花蕊。虽然这是一种半藤本性的蔷薇，但是也可以将其作为藤本蔷薇来使用。有果香。/单季开花，花形较大，香气适中，长2.5米。

玛蒂尔达蔷薇

此花白色中混杂着淡淡的粉色，是一种柔软的花色，花瓣在绽放时有蓬松感。虽然它不是藤本蔷薇，但由于开花较多，也可以在篱笆等处生长。/四季开花，花形适中，香气较淡，长1米。

藤本灰姑娘蔷薇

花色从非常淡的粉色渐变至白色。花朵的直径在2厘米左右，可以在拱门、篱笆等处生长。叶子也很美丽。/单季开花，花形较小，香气适中，长2.5米。

弗朗西斯·E.莱斯特蔷薇

此花白中微微透粉，单层花瓣，枝条粗壮，与纤细的花朵形成鲜明对比，枝条延伸旺盛，可以沿墙面或树木生长。/单季开花，花形较小，香气适中，长达5米，结果。🌿

穆达毕丽斯蔷薇

此花为单层花瓣。花色从淡红色向紫色变化，是一种可以从春季欣赏到秋季的蔷薇。/四季开花，花形适中，香气较淡，长达4米。

白色

white

掩映在绿叶中的白色蔷薇看起来十分清爽。与其他花色的蔷薇相搭配组成风景的话，可以增添一种柔和的气氛。

Prosperity蔷薇

花色为象牙白色。花朵在绽放时很重，将延伸的枝条压弯，十分美丽。从春季到秋季，人们可以看到它不同的风景。/多季开花，花形适中，香气适中，长达4米。

鲍比·詹姆斯蔷薇

花瓣为白色，花蕊为黄色，花形较小，伸展旺盛，因此可以在广阔的墙面、大型穹顶、较高的墙壁上生长。/单季开花，花形较小，香气适中，长达6米，结果。

布朗·彼埃尔·德·龙沙蔷薇

这是一个白色品种的彼埃尔·德·龙沙蔷薇。绽放初期中间呈淡粉色，之后逐渐变为白色。将枝条在接近水平的方向进行牵引的话，开花会更多。/多季开花，花形较大，香气较弱。

杰奎琳·杜普雷蔷薇

花色为纯白色，花瓣较大，中间的红色花蕊很是显眼。虽然这是一种半藤本性的蔷薇，但是牵引时也可以作为一种藤本蔷薇来使用。/多季开花，花形较大，香气适中，长2.5米。

麝香玫瑰

单层花瓣，绽放时呈絮状。有时将最长的一根新枝条从藤架的上方一直牵引到柱子的下方。花茎较短，因此处理起来十分方便。/单季开花，花形较小，香气浓郁，长达7米，结果。

群星蔷薇

花朵绽放时花瓣呈半重叠状排列，在藤架等处低垂于枝头，十分美丽值得一看。花苞为淡红色，开花后花色为白色。基本上没有棘刺。/单季开花，花形较小，香气较淡，长达4米。

穆里加尼蔷薇

花形较小，单层花瓣，开花很多，呈群状，使空气中弥漫着花朵的甜香。枝条在水平方向上延伸，生长很快，2～3年时基本上可以覆盖大型的篱笆或墙面。如果想要抑制枝条的延伸，推荐使用花钵进行种植。到了秋天人们可以欣赏它结出的小小的果实。此花开花较晚。/单季开花，花形较小，香气适中，长达10米，结果。

淡雪蔷薇

绽放时为单层花瓣，花色为乳白色。此花的枝条横向延伸，可以在拱门、篱笆、墙面等较低的场所生长。/多季开花，花形较小，香气较淡，长2米。

阿伯里克·巴比埃蔷薇

花形适中，绽放时大小花瓣重叠在一起。花朵中心呈米白色，带有一些冰激凌黄，十分优雅。即使是很小的一株也可以开很多花，枝条伸展可达5～6米，上面都开满了花。此花枝条较细，便于打理。枝条向水平方向延伸，可以利用这个性质将其牵引至长长的篱笆上，或者是装饰在窗户周围。此花的叶子也很漂亮，是一种用途十分广泛的品种。/单季开花，花形适中，香气较淡，长达7米。

野蔷薇

此花是自生于日本各地的野蔷薇，花形较小。一般来说无棘刺。在拱门或穹顶等处生长。/单季开花，花形较小，香气适中，长达4米，结果。🍃

哈迪夫人蔷薇

花瓣为白色，中心为清爽的绿色，完全绽放后中心的花瓣分为四部分。3～4朵花绽放在一起，呈絮状。此花为半藤本性。/单季开花，花形较大，香气浓郁，长2米。

帕鲁·多利福特蔷薇

绽放时花瓣呈半重叠状，花瓣为白色，并带有淡淡的粉色，中心是黄色的花蕊。枝条横向延伸，长度较长，可以在墙面或篱笆上生长。/多季开花，花形较大，香气较淡，长达5米。

藤本夏雪蔷薇

此品种开花较多，呈絮状，覆盖整个植株。花瓣呈半重叠状，花色为纯白色。基本上没有棘刺，枝条又细又软，向下低垂，非常便于打理，因此可以将其用在大型屏风或者广阔的墙面等处。/单季开花，花形适中，香气适中，长达5米。

白色福莱特蔷薇

白色的花瓣最终渐变为绿色时便是花期结束之时。此花能开3周左右。花形较小，绽放时花瓣呈半重叠状。/单季开花，花形较小，香气较淡，长达5米。

筑紫蔷薇

这是一种白色的野蔷薇，花瓣边缘为淡粉色，颜色十分可爱。它与野蔷薇一样生命力顽强，枝条易于打理，开花很多。/单季开花，花形较小，香气适中，长达4米，结果。

约克郡蔷薇

花瓣为漂亮的米白色，花蕊为白色，绽放时大小花瓣重叠在一起。花苞为冰激凌色。这种花绽放的时候十分可爱，由于花朵向上绽放，因此要将其牵引至较低的地方，让其在视线高度绽放。此花可以与铁线莲等草花搭配在一起。可以生长在广阔的墙面或大型弯顶处。/单季开花，花形适中，香气适中，长达5米。

索伯依蔷薇

此花绽放在花朵较少的秋季，新枝又长又粗，不要强行弯曲，要顺势将其牵引至窗户周围。/多季开花，花形较大，香气适中，长达4米。

白色木香花（重叠花瓣）

花色纯白，开花较早。适于在墙壁、篱笆上生长，夏季枝叶茂盛，可以遮凉。绽放有花朵的小枝非常重要，不要剪除。棘刺很少。/单季开花，花形较小，香气较淡，长达5米。

阿尔班玫兰

绽放时10朵花聚集在一起，好似葡萄一样。由于此花的枝条为匍匐伸展，因此一定要将其新枝条牵引至窗边。/多季开花，花形较小，香气较淡，长达4米，结果。

白色桑德斯蔷薇

绽放时花瓣为纯白色，呈圆形，花蕊为黄色，花形较小。花茎细长，上面带花较多，使枝条下垂，十分优雅，从而打造出一个美丽的风景。枝条匍匐充分延伸，适于在高大的篱笆或大型的藤架等处生长。此花枝叶繁盛，叶子有光泽，也十分美丽。/单季开花，花形较小，香气适中，长达8米，结果。

迷迭香

此花是赫里蒂奇蔷薇的粉色变种。花开呈杯状，花形适中，会一直绽放至深秋。有果香。/四季开花，花形适中，香气适中，长1.5米。

绿雪蔷薇

这是一种迷你蔷薇，枝条细且柔软。生命力顽强，开花较多。花色为白色或淡绿色，在冬季绽放时花瓣的边缘会变成红色。/四季开花，花形较小，香气较淡，长0.3～1米。

雪雁蔷薇

花瓣为白色，形状较细，花形较小，宛如白色的雏菊一般可爱。和春季相比，秋季开的花更长且更具量感。此花多季开花，一直可以绽放到冬季。枝条柔软易于打理，适宜生长在墙面等处，打造出一幅枝条垂下的美景。也可以生长在拱门、篱笆等处。/多季开花，花形较小，香气较淡，长达6米，结果。

藤本冰山蔷薇

此花花形美丽，枝条易于牵引，可以根据自己所想来搭建风景，因此广受人们喜爱。生长数年后便会多季开花。/单季开花，花形适中，香气适中，长5米，结果。

白蔷薇

枝条较细，直立，枝条前端下垂，易于打理。花朵中心白中透粉，绽放时大小花瓣交替重叠。有强烈的芳香气息。/单季开花，花形适中，香气浓郁，长达3米。

弗朗辛·奥斯汀蔷薇

花开蓬松，花色纯白，绽放时呈絮状，十分可爱。此花一直到秋季都在反复开花，枝条伸展旺盛，因此适宜在篱笆等处生长。/多季开花，花形较小，香气适中，长1.5米。

普兰特夫人蔷薇

此花绽放时花瓣重叠，形状蓬松，中心为绿色，看起来十分清爽，花形适中，呈絮状开放。虽然它是一种半藤本性的蔷薇，但枝条较细少棘刺，伸展可达3米，适宜在篱笆或拱门上生长。开花很多，白色的花朵掩盖住了绿叶，它的周围都散发着迷人的芳香。/单季开花，花形适中，香气适中，长达3米。

冰雪女王蔷薇

绽放时花朵呈半重叠状，花色为冰激凌白色。枝条横向延伸，呈树形，适宜在墙面、篱笆、穹顶等处生长。开花较晚。/多季开花，花形较小，香气适中，长达3.5米，结果。

黄色或橘色 yellow orange

此花色见之令人心生暖意，雅致的杏色和茶色则能够营造出令人安心的氛围。

黄色木香花

此花花形较小，花色为柔和的黄色，开花较多，一直开放到枝头。枝条伸展旺盛，甚至突破了露台上的丙烯基房顶，如果将它放任不管的话，它可以覆盖住整个树木。如果不将带花的细枝前端剪切掉，它可以开满整面墙壁。它的绽放预示着蔷薇花期的到来。/单季开花，花形较小，香气较淡，长达8米。

柴可夫斯基蔷薇

花形较大，花色为带有柠檬黄色的冰激凌色。易于栽培，开花较多，在秋季开花很多。可以像藤本蔷薇那样对它进行牵引，可在篱笆等处生长。/四季开花，花形较大，香气较淡，长2米。

皮尔格姆蔷薇

绽放时大小花瓣交替重叠，花色由深黄色渐变为带有透明感的淡冰激凌色。枝条呈直线延伸，但通过修剪和牵引可以使其生长在藤架、墙面等处。/多季开花，花形较大，香气浓郁，长达4米。

阿利斯特·斯特拉格雷蔷薇

在冬季的庭院中经常可以看到此花。枝条延伸较长，既可以装点拱门，又可以在篱笆和弯顶等处绽放。花苞为黄色，但会绽放出白花。/多季开花，花形适中，香气适中，长达3米。

格拉汉·托马斯蔷薇

花色为耀眼的黄色，绽放时呈杯状。生命力旺盛，植株较大，虽然为半藤本性蔷薇，但是可以作为藤本蔷薇将其使用在篱笆或墙面上。/多季开花，花形较大，香气浓郁，长达4米。

金色之翼蔷薇

单层花瓣，花形较大，花蕊为黄色，十分美丽。此花适宜在花坛或低矮的篱笆上生长，可以从春季一直开花到冬季。/多季开花，花形较大，香气较淡，长1.8米。

席琳·弗里斯蒂蔷薇

照片中的花朵绽放得太过松散，实际上冰激凌粉色的花苞绽放后，花形紧凑，大小花瓣交替重叠。由于十分可爱，因此广受人们喜爱。/多季开花，花形适中，香气适中，长达3米。

保罗·阿鲁夫蔷薇

将此种蔷薇与白色蔷薇相搭配时，其杏黄色十分引人注目。适宜在广阔的墙面或藤架等地生长。/多季开花，花形适中，香气较淡，长达5米。

藤本希灵登小姐蔷薇

绽放时花朵低垂，花色为杏黄色，十分可爱。是一种人们想让其在窗边等身边的地方绽放的品种。有茶香。/多季开花，花形适中，香气浓郁，长达3米。

杏蜜露蔷薇

花色为柔和的杏色。它不仅在春季将整座庭院装扮得明亮多彩，在其他季节也是一样，同时还弥漫着果香。适宜在花坛或篱笆等处生长。/四季开花，花形较大，香气浓郁，长1.5米。

欢笑格鲁吉亚蔷薇

绽放时大小花瓣交替重叠，花形较大，形状蓬松，是一种十分美丽的蔷薇。此花花茎较长，因此适宜在墙面生长。/多季开花，花形较大，香气浓郁，长达3～4米。

阿尔奇米斯特蔷薇

花色为橘色与淡粉色相混合，具有个性。枝条延伸旺盛，长长的花茎前端向上直立生长。由于枝条直立，因此适宜在墙面上生长。/单季开花，花形适中，香气较淡，长达3.5米。

鹅黄美人蔷薇

花色随着季节会产生微妙的变化。有时会带点儿粉色，有时会带点儿黄色。到了秋天则会变为鲜明的杏色。枝条横向延伸，适宜在篱笆、藤架上生长。/多季开花，香气浓郁。

黎明蔷薇

花色为杏黄橘色，花形适中。一直到晚秋时节都在反复开花，没有开花时有绿叶覆盖，十分茂盛。适宜在穹顶、墙面上生长。/多季开花，花形适中，香气适中，长达3.5米。

科雷多蔷薇

花色为淡淡的杏色，绽放时呈古典状的大小花瓣交替重叠状。枝条并排分布，上面开满了花。适宜在篱笆、拱门、墙面上生长。/多季开花，花形适中，香气较淡，长2米。

奶油硬糖蔷薇

这是一种茶色蔷薇，很有成熟气息。推荐将其与青紫色的铁线莲搭配在一起。由于花茎较长，因此适宜在墙面上生长。/多季开花，花形较大，香气较淡，长3米。

皇家日落蔷薇

花色为杏黄橘色，随着不断绽放，花色逐渐变淡，有如落日的颜色变化一般。适宜在较高的篱笆或墙面上生长。/多季开花，花形较大，香气适中，长达6米，结果。🐛

特雷加·特洛夫蔷薇

花色为杏粉色，绽放时花瓣呈半重叠状，十分可爱。该花的新枝生命力顽强超出想象，枝条伸展旺盛。是庭院中的主角。/单季开花，花形适中，香气适中，长达8米，结果。🐛

斯威特·朱丽叶蔷薇

花如其名，此花花色为甜美的杏粉色，花形较大。多季开花，绽放时大小花瓣交替重叠，形状优美，适宜在藤架或篱笆上生长。/多季开花，花形较大，香气浓郁，长达5米。

古米洛蔷薇

此花开花较多，花朵绽放时将整个植株都包裹了起来。通过修剪可以很容易地变更开花的位置。也可以作为一种藤本蔷薇使用。/四季开花，花形适中，香气适中，长2米。

佩妮·连恩蔷薇

花苞绽放时的样子非常感人。花瓣为杏粉色，形状较大，绽放十分缓慢，但其完全散开却发生在一瞬间。花朵绽放时朝下，前端稍有倾斜。这是一种表情丰富且十分优雅的蔷薇，一定要将其使用在窗户周围。除此之外它的用途也十分广泛。花名来源于披头士乐队的一首歌曲的名字。/多季开花，花形适中，香气适中，长达3米。

亚历山大蔷薇

此花绽放时会营造一种静谧的氛围，单层花瓣。枝条在横向广泛延伸，适宜在较低的篱笆或墙面上生长。生命力十分顽强。/四季开花，花形适中，香气较淡，长1.5米。

亚伯拉罕·达比蔷薇

生命力非常顽强，多季开花。绽放初期为杯状，最终变为大小花瓣交替重叠状，花形较大。可以作为藤本蔷薇使用，适宜生长在篱笆和拱门处。/多季开花，花形较大，香气浓郁，长3米。

红花玫瑰

花形较大，绽放后形状逐渐从杯状变为大小花瓣交替重叠。此花喜好向阳，开花较多，花色为淡杏色。适宜在小型的拱门或篱笆上生长。/多季开花，花形较大，香气适中，长1～2米。

红色和
紫色
red &
rurple

红色明亮，给人印象深刻，紫色成熟，具有个性。这些极具冲击力的色彩给庭院增添了深度。

新帕西蔷薇

花色为鲜艳的深红色，花形较大。虽然枝条较粗，但是非常柔软，易于打理，另外伸展十分旺盛，适宜在墙面或者大型的藤架上生长。/多季开花，花形较大，香气较淡，长达5米。

赤胆红心蔷薇

绽放时呈杯状，花瓣外侧为深玫瑰色，内侧为白色。虽然它不是藤本蔷薇，但是可以一直绽放到秋天。/四季开花，花形适中，香气适中，长0.8米。

Paul's scarlet climber蔷薇

绽放时形状蓬松，花形适中，花色为红色。此花延伸旺盛，侧面也会伸出枝条，因此适宜在墙面等处生长。/多季开花，花形适中，香气较淡，长达4米。

鸡尾酒蔷薇

单层花瓣，中心是黄色，周围是红色。此花久为人们喜爱，现在经常可以在街角见到它的身影。生命力强，开花较多。/多季开花，花形适中，香气适中，长达4米。

超级托斯卡纳蔷薇

此花绽放时花瓣呈半重叠状，花色为红色，好像稍稍带有一些紫色的天鹅绒一般。开花较多，给庭院增添了浓厚的色彩。/单季开花，花形适中，香气适中，长2.5米。

莉莉·玛莲蔷薇

花形适中，绽放时花瓣呈半重叠状。藤本蔷薇加上这种轻快的红色，将整座庭院点缀得明亮多彩起来。适宜在花坛等处生长。/四季开花，花形适中，香气较淡，长1米。

黑影夫人蔷薇

花色为深红色，花形较大，如牡丹一般，有时在2月的严寒中也能绽放。它点缀了秋冬季节的庭院。/多季开花，花形较大，香气浓郁，长1米。

贾博士的纪念蔷薇

花色为深红紫色，有成熟感，芳香浓郁。枝条横向延伸，多季反复开花。其花色极具存在感，在庭院中处于主花的地位。/多季开花，花形适中，香气浓郁，长2.5米。

红色喀斯喀特蔷薇

花色为红色，绽放时大小花瓣交替重叠，花形较小，是一种迷你藤本蔷薇。花茎细且长，适宜在墙面等处生长。/四季开花，花形较小，香气较淡，长达4米，结果。🌱

查尔斯的磨坊蔷薇

花色为带有鲜艳红色的深紫色。完全绽放后，中心的花瓣分为四部分。此花为半藤本性，开花很多，压满细枝。/单季开花，花形适中，香气浓郁，长2.5米。

亨利·马丁蔷薇

花瓣为鲜艳的深紫红色，绽放后可以看到里面黄色的花蕊。开花较多，横向延伸的枝条适宜在拱门或篱笆上生长。/单季开花，花形适中，香气浓郁，长2.5米，结果。🌱

黎塞留主教蔷薇

花色从紫红色最终变为带有绿色的深紫色。此花虽为半藤本性，但枝条柔软易于处理，可以像藤本蔷薇那样牵引到拱门或墙面等处。/单季开花，花形适中，香气较淡，长2米。

国王蔷薇

在街角处经常可以看到此种蔷薇，自古以来花色便是红色。此花开花较多，绽放时成串的花从围墙等处伸出来，十分可爱。基本上没有棘刺。/单季开花，香气较淡，长达3米。

薰衣草之梦蔷薇

将它的枝条牵引到整个篱笆或拱门上，花朵绽放时薰衣草粉色的小花将其完全覆盖，非常美丽。绽放时花瓣呈半重叠状。/多季开花，花形较小，香气适中，长2米。

紫玉蔷薇

绽放时形态蓬松，有如一块紫色的玉石一般，极具个性。枝条较细，便于打理，有时可以从篱笆牵引到拱门上。开花较多。/单季开花，花形适中，香气适中，长2.5米。

拜奥莱特蔷薇

花色为紫红色，花蕊为金黄色，十分显眼。枝条较细，充分延伸，适宜使用在较长的篱笆、藤架上。棘刺较少。/单季开花，花形较小，香气较淡，长达5米，结果。🌱

蓝色攀登者蔷薇

花形较小，随着不断绽放，紫色中带有的绿色不断加深，极具个性。棘刺较少，枝条充分向上延伸，适宜在墙面、较高的篱笆、窗户周围生长。/单季开花，花形较小，香气较淡，长达6米。

点缀了秋天庭院的蔷薇果实

蔷薇的果实终于降临了秋天的庭院。这些果实形状可爱，颜色为红色或橘色，外表有光泽，有如水果的果实一般。将其剖开，其中酸甜的气息便弥漫在空中。

芭蕾蔷薇

克莱尔·杰奎尔蔷薇

那伦·波因特蔷薇

弗朗西斯·E.莱斯特蔷薇

智慧蔷薇

赛夫瑞盖特蔷薇

常绿蔷薇

雅蔷薇

藤本冰山蔷薇

怀特·马库斯拉古拉夫蔷薇

安昙野蔷薇

nahako蔷薇

雪雁蔷薇

阿尔班玫兰

新黎明蔷薇

松鸡蔷薇

莱克特蔷薇

佩内洛普蔷薇

野蔷薇

罗曼蒂克蔷薇

筑紫蔷薇

罗森道夫·斯帕里斯霍普蔷薇

杜邦蒂蔷薇

白色木香花
（单层花瓣）

休姆主教蔷薇

莫扎特蔷薇

结婚日蔷薇

科尔涅莉雅蔷薇

西班牙美人蔷薇

白色桑德斯蔷薇

皇家日落蔷薇

硕苞蔷薇

拜奥莱特蔷薇

特雷加·特洛夫蔷薇

半重瓣阿尔巴白蔷薇

穆里加尼蔷薇

红色喀斯喀特蔷薇

推荐给新手的两种人气藤本蔷薇

装扮庭院时要选择哪种蔷薇呢？ 挑选合适的蔷薇品种是一件令人困惑的事情。

虽然最终要选择漂亮的，但我们首先推荐的是枝条易于处理、生命力顽强且开花较多的蔷薇品种。

在此我们介绍花形可爱且非常美丽的黄色木香花、藤本冰山蔷薇这两个品种。

1. 由于没有棘刺，因此即使生长在面对马路的地方也十分令人放心。
2. 如果解开一支通道上的枝条的话，便可以欣赏枝条重叠的美景了。
3. 一株木香花便可以从玄关周围一直牵引到墙面，直到门柱。
4. 小花在窗边绽放，它的可爱触手可及。

黄色木香花

这种蔷薇在筑紫蔷薇花期结束后开始绽放，是一种开花较早的蔷薇。它基本上没有棘刺，易于打理，枝条延伸约6米，因此如果放任不管的话会过度生长。枝条下垂，上面会绽放很多黄色的小花。适宜在较大的墙面、篱笆、拱门等广阔的空间内生长。可以实现集装箱内栽培。

冰山蔷薇和
藤本冰山蔷薇

花形适中，花色为具有透明感的白色，绽放时形态蓬松，十分优雅。虽然是木立性蔷薇，但是如果在篱笆等处开花的话也可以像藤本蔷薇那样柔美地绽放。藤本蔷薇品种的枝条向四个方向广泛延伸，因此不仅可以在广阔的墙面上，还可以在任何场所生长。虽然藤本蔷薇是单季开花，但如果生长的年份长，到了秋天还会再次开花。

1. 此花花茎前端较长，花形适中，绽放时形态蓬松，将大门点缀了起来。
2. 虽然开花较少，但它在日照不好的地方也能开花。
3. 将木立性的蔷薇像藤本蔷薇那样牵引到篱笆等处也很柔美。

窗户将绽放着蔷薇的庭院和屋子联系了起来。窗户就像一幅每天都会发生一点变化的画一样。/野蔷薇等。

第三章

设计藤本蔷薇

就像描绘一幅风景画那样，让我们尝试着使用藤本蔷薇的枝条吧。一边想象着用画具描摹时候的情景，一边牵引着蔷薇的枝条，就像用铅笔描绘着曲线一样。

沿着窗框描绘的枝条曲线和缠绕在拱门上的枝条曲线最终展现在人们眼前的都会是鲜艳多彩。

这座窗边装饰有藤本蔷薇的房子中住着什么人呢？而他又过着怎样的生活呢？眼前的风景能让人引起无数的想象。/多萝西·帕金斯蔷薇。

在木制围墙上开一个窗户，蔷薇绽放在窗户的内外两侧，如此便能够打造一个梦一般的风景。/格拉汉·托马斯蔷薇。

缠绕在窗边的藤本蔷薇

一天清晨，我揉着朦胧的睡眼望向窗边，两三朵小蔷薇正在窗边绽放。虽然这道风景很是简单，但那时给我带来的感动至今让我难以忘怀，因此便想到要用藤本蔷薇来装点窗边。现在如果在街角遇到一座绽放着藤本蔷薇的庭院，你都会发现正在寻找窗户的自己。

自那之后，我便在想如何才能更好地将藤本蔷薇牵引到窗边。我想，既然要将蔷薇牵引到窗边，不如干脆直接将其与窗户玻璃靠近，直至接触，从而能够享受到它倒映在玻璃上的美丽景色。到蔷薇的花期时要减少开关窗的次数，清扫工作也可以作为一种休息。这样便可以充分享受蔷薇倒映在窗户上这一美丽的景色了。

绽放着皮埃尔·德·龙沙蔷薇的窗户。为了承载树枝，我们在窗框的上下两边都制作了一个小小的类似于房檐式的结构。

在绽放有野蔷薇的窗边，每到秋天便会结出许多红色的果实，引来很多野鸟取食。

由阿伯里克·巴比埃蔷薇装饰的窗户。在天色变暗时，白色的蔷薇有如明亮的小灯一般。

在绽放着藤本夏雪蔷薇的窗户上，细长且可爱的枝条横穿过整扇窗户。

　　虽说如此，我之前也曾说过想要让蔷薇绽放在窗框之下的边缘处。之后将床移到靠近窗户的地方，这样便可以在蔷薇的旁边醒来了。如此清晨的第一声问候便能够来自蔷薇了吧。沐浴在朝阳下的蔷薇十分鲜艳，美的也十分特别，因此我要在窗边搭建一张桌子，或者面对着蔷薇围绕摆放着餐桌。在时间慢慢流逝的清晨，我可以将桌子搬移到庭院中，在绽满蔷薇的窗下吃饭。花儿都是向着太阳生长，因此从屋中望去，我只能看到窗边蔷薇的尾部，但从外面看的话，我就能看到所有的花都是向着我开放了。装饰在窗边的蔷薇就像一幅美丽的画一样，花瓣落在桌子上时，一个无比美丽的故事浮现在我的脑海之中。

　　在孩子们阅读的《安迪生童话》中，有一篇叫《冰雪女王》，其中专门描绘了藤本蔷薇。两个小孩子是邻居，两家家门相对，中间有一个种植有蔷薇的花钵，其中的蔷薇长势甚好，枝条长长的延伸着，将两家的窗户缠绕了起来。这篇故事与其说是描述花的美丽，倒不如说是描写了枝条的健壮。也请大家欣赏装饰窗边的藤本蔷薇的那柔软且健壮的枝条吧。

生长有藤本冰山蔷薇和彼埃尔·德·龙沙蔷薇的砖瓦墙壁。枝条描绘下的冬景也别有一番风味。

当早开的黄色木香花开始点缀着窗边时，便说明蔷薇的花期到来了。

如果是一个宽阔的庭院，一定想要搭建一个小亭子。人们可以在这里举办茶会或者是花园聚会。/冰山蔷薇。

冬季时枝条美丽，春季时被绿色所包围。凭靠在长椅上绽放的是白色的哈迪夫人蔷薇，面前是用亚伯拉罕·达比蔷薇搭建成的拱门。

坐·望

今天要举办花园聚会。桌子上铺着白色的桌布，准备迎接四方来客。/斯威特·朱丽叶蔷薇。

如果庭院或墙壁上绽放有蔷薇的话，则我们推荐首先将椅子摆放在您最喜欢的蔷薇附近。椅子和蔷薇的距离要近，椅子背要能够近到触及蔷薇，这样就可以在远处眺望欣赏由藤本蔷薇和椅子组成的风景了。之后，请想象那里坐着一个人。那个人究竟在干什么呢？或者那里翻开着一本不曾阅读的书，或者那个人正在尽情地听着一首喜欢的歌。

绽放时呈大伞状的绯红攀登者蔷薇，可以将其牵引至坐着时触手可及的高度。

冬日里光照充足的庭院到了春天则会变成一座被蔷薇和绿叶组成的"壁纸"所包裹的房屋。/阿伯里克·巴比埃蔷薇、鹅黄美人蔷薇等。

对了，还可以在这里将忘记缝上的衬衫纽扣缝好。坐在那里，可以看到自己放松的姿态。

椅子是为了藤本蔷薇而准备的一个小摆件。一把椅子便可以将一枝融入周边风景的树枝变为支撑整个庭院氛围的关键所在。之后将绑结在藤架或拱门上的枝条松开少许，使其在靠近椅子的地方垂下。既可以像群星蔷薇、多萝西·帕金斯蔷薇那样华丽的垂下，也可以尝试着解开一支上面绽放着两三朵蔷薇的可爱枝条。枝条在微风中摇摆，使本来看起来无比庄重的庭院变得更加自然温婉。

如果可以的话，也可以从冬季作业时便开始蔷薇的布景工作。在墙面和篱笆上，要一直将蔷薇牵引到底，将枝条固定好，并想着"无论如何也要让花儿开到这里"。如果在长椅的靠背上牵引少许小枝的话，到了春天便可以与蔷薇并肩而坐了。

将像葡萄一样低垂的花儿牵引到坐下时可以看到膝盖或足部那样的较低位置。/多萝西·帕金斯蔷薇。

将花朵伸到长椅上的群星蔷薇。
让我们和这白色的蔷薇一起坐在这长椅之上吧。

由于是无棘刺的黄色木香花，因此可以让其垂到触肩的高度。

穿过从藤本蔷薇下

将保罗的喜马拉雅麝的细枝绑结起来搭建起的拱门。

　虽然总也遇不上搭建这样的蔷薇庭院的机会，但我还是想搭建一个仅容身体通过的狭窄拱门。这是一个小小的拱门，从里面向外望去，可以增加你对另一侧世界的期待。

　实际上，如果是家人每天都要穿过的地方，那最好还是搭建的高大宽敞一些。从门到玄关有一条小路，小路的上面有拱门，这座拱门要容得下雨天时打伞通过，也要容得下大型货物的搬运。最好能够容得下孩子们拉着朋友的手并排从下面来来往往。使用的蔷薇也要是无刺的才使人安心。

　如果搭建起拱门则必定形成一个通道。但如果与真正的拱门太过相似，则枝叶在过于旺盛时内部则会光线较暗，导致开花较少。

身处这样的通道之中，会让人想象另一侧会是怎样的一个蔷薇世界。/冰雪女王蔷薇、蓝色丝带蔷薇。

将波旁女王蔷薇和皮尔格姆蔷薇牵引到庭院大门的顶部而形成的拱门状结构。

庭院后面木门上的穆里加尼蔷薇，为了不妨碍通行而将枝条绑结了起来。/此外还有春风蔷薇。

仅用西班牙美人蔷薇的枝条搭建而成的拱门。由于这种蔷薇枝条下垂，因此要固定在较高的位置上。

因此在搭建拱门时，要留出空隙，使通道的内外两侧都能够开满花儿。同样的道理，在搭建穹顶式结构时，枝条与枝条之间也要留出空隙。光线照射进来，穹顶的内侧也会变成花朵和绿叶的世界。

藤本蔷薇的花朵绽放在低垂的枝条上，当让其在藤架上绽放时，不仅要将枝条放在藤架的顶部，也要用麻绳将枝条固定在藤架的下侧及侧面，如此才能使其枝条自然地垂下。这样做才能使人们在从藤架下穿过时品味垂下绽放的蔷薇所包含的那丰富的表情。

请尝试着挑战仅用蔷薇的枝条来搭建一个纯手工的拱门吧。在长度适中且较粗的枝条上重叠绑结较细的枝条，从而搭建出拱门的形状。如果枝条的长度不足的话，可以使用麻绳等工具代替，将其绑结固定到对面一侧。虽然完成这样一件作品需要花费一定的时间，但这是真正的手工拱门。如果是那种放任不管枝条就会四处蔓延的藤本蔷薇，则可以尝试着将它们的枝条全部绑结托举起来。如果使用柔软的枝条绑结成束，描绘出一幅自然的曲线的话，则仅是这样便可以搭建出一座自然风格的拱门。拱门之下可以立刻形成一条小路。

控制牵引到穹顶的枝条数量，这样光线可以照射进来，穹顶内部也能够绽满鲜花。/科尔涅莉雅蔷薇、奶油硬糖蔷薇、藤本冰山蔷薇。

由满开的普兰特夫人蔷薇组成的三座连续的拱门。它们之间在固定枝条时都留有间隔，以便阳光照射进内部。

上）在Oakenbucket的店面上的白色穆里加尼蔷薇一旦绽放，路上的行人都会驻足眺望，拍摄照片。
右）白色的蔷薇代替了招牌，看见这道风景，Oakenbucket是做什么的便一目了然。可以充分品味家中有藤本蔷薇绽放的那种满足感。/穆里加尼蔷薇。

在仓库的门上装饰上可爱的蔷薇的话，这里便也会变成蔷薇庭院的一个"展厅"。/冰山蔷薇、瑞伯特尔蔷薇。

充当店铺或工作室的招牌

负责制造Oakenbucket使用的木制品的木器厂。在被蔷薇的甜香包围的环境中工作，也能够提高工作的效率吧。/藤本冰山蔷薇。

Rose Design
蔷薇设计
part **4**

充分利用藤本蔷薇

一旦看见藤本蔷薇盛开的风景，无论如何也会被它的美丽和万种风情所吸引。但是藤本蔷薇的魅力不仅局限于此。藤本蔷薇具有令人感到意外的组织协调能力。它是篱笆上的"名人"，只要有阳光的照射，它便可以在其他植物无法开花的狭小区域里开花，也可以在伸手无法触及的高处开花，这便是它难得的一面。在Oakenbucket的店中绽放的招牌蔷薇、穆里加尼蔷薇都是活跃着的藤本蔷薇"广告牌"。我经常听人说起，看见这种蔷薇后，自己的心就被藤本蔷薇深深地吸引了。本节着重介绍藤本蔷薇隐藏的实力。

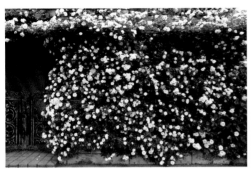

大型花墙

在比较介意外部视线的地方，可以搭建一个大型花墙。等花期结束到了夏季，则可以起到一个遮阳的效果。/藤本夏雪蔷薇等。

将库房遮盖起来

只要是光照合适，藤本蔷薇可以牵引到任何地方，比如想把库房遮盖起来，便可以将蔷薇牵引到房顶上。/多萝西·帕金斯蔷薇。

也可以在细长的小路上

可以立体地使用空间也是藤本蔷薇的一个特长。它在狭窄的小路、墙面上都可以开花。/彼埃尔·德·龙沙蔷薇。

花钵种植

即使没有庭院，藤本蔷薇也可以绽放。虽然比种在地中开的花要少，但是管理好浇水的话还是可以充分享受其中的乐趣，打造一个安心的空间。/银禧庆典蔷薇等。

在车库的房顶或墙壁上生长

右）车库的房顶与周围的环境不协调，因此用可爱的特雷加·特洛夫蔷薇将它的边缘点缀起来。

下）白色的百叶门毫无色彩可言，雪雁蔷薇给它塑造了一种柔和的形象。/其他的是阿尔奇米斯特蔷薇。

第四章

在蔷薇绽放的家中生活

在搬运藤本蔷薇的快乐时光里好好看看它们吧。

春天里满开的蔷薇、秋天里颜色鲜艳的蔷薇、

枝头挂满果实的蔷薇，四季不同的姿态将生活点缀

得五彩缤纷。

在野蔷薇之下，是使用桌布
装扮起来的桌子，手工制作
的桌布是特意为那天而准备
的。垂到眼前的枝条上的白
色蔷薇和庭院中摘来的蔷薇
便是对客人最好的招待。

枝条垂下，野蔷薇在上面绽放，在它的下面度过的快乐时光是我们无法忘记的一种回忆。

野蔷薇的花瓣呈可爱的心形。小花呈金字塔状层叠绽放。

野蔷薇的枝条可以延伸4～5米，因此可以用来搭建尺寸较大的风景，还可以与多种蔷薇相搭配，作为配角灵活使用。

令人开心的午后茶会

part 1

花期·花下

在使用智慧蔷薇和野蔷薇搭建的拱门中穿行的小春。

在野蔷薇盛开的庭院里举行茶会

5月是野蔷薇的季节。在一片新绿的掩映下，庭院中洁白的野蔷薇渐次绽放，今天我们就在这里举办这个春天的第一场茶会。这个庭院中的蔷薇已经打理完毕，上午我们在这里招待了员工的家人们。小春深深地吸了一口蔷薇的甜香，快乐地在庭院中跑来跑去。当我们招呼大家开始准备茶的时候，大家立即把刚刚采摘下的野蔷薇放在桌上，一场热闹的茶会就这样开始了。

今天从早上起便是晴空万里，是令人心旷神怡的一天，但这个时期气温和天气变化都十分激烈。在开花后，我们很担心风雨会伤及花瓣。因此必须长期确认天气预报，并翻看日记或过去的天气记录，才能最终确定茶会的日子。在举行茶会之前，事先要在蔷薇的根部种植草花，将用红砖铺就的小路上的坑坑洼洼填补平整，完成各项准备工作，还要准备添加了蔷薇照片的邀请函。蔷薇便是对客人们最好的招待，因此在聚会上无须特别准备。准备好香茶即可。

在喜欢的蔷薇下面
吃早餐

在抓破美人脸蔷薇的下面吃早餐。
这是个坐北朝南，清晨的光照恰到
好处的特等座。

在蔷薇的花期里，早晚都想在庭院中度过。

　　如果想要充分享受藤本蔷薇的短暂花期，则一定要在蔷薇下用早餐。
清晨空气清新，这时蔷薇的甜香别具风味。昨日还是花苞状态的蔷薇，
到了今天早上已经开始蓬松地绽放了……在清晨的庭院里，每天都有新
的发现。春日的清晨时间过得很快，因此早起开始剪除花蒂、打扫花瓣
的话，等到打理完整个庭院时，肚子便饥肠辘辘了，这时再在中意的蔷
薇下享用准备好的早餐，则感觉更加香甜美味。

　　不仅是英式的茶会，如果有机会的话还可以开多次其他形式的聚会，
比如在请柬上写着"请穿长和服参加"，享受着抹茶和日式点心的日式
聚会。在点着蜡烛欣赏夜晚的蔷薇的聚会上，蔷薇在黑暗中若隐若现，
因此只能靠得比白天更近，站在距离蔷薇更近的地方欣赏蔷薇。

随时准备香茶

为了招待客人，这座庭院在蔷薇花期时随时都准备着香茶。/彼埃尔·德·龙沙蔷薇等。

将一束蔷薇摆放在桌子上来招待客人。

负责准备聚会的工作人员今天也非常忙。/格拉汉·托马斯蔷薇、斯威特·朱丽叶蔷薇等。

在享受蔷薇与红酒的聚会上，无论何时都点着蜡烛。蔷薇同样摆放在铺着桌布的桌子。/斯威特·朱丽叶蔷薇等。

多季开花的prosperity蔷薇在秋天也
会开花，与此同时野蔷薇的果实在此
时变红成熟。

野蔷薇在春天开出颜色清爽的白花，人们可
以在茶会上尽情欣赏。由野蔷薇搭建起来的
穹顶如今正被红宝石色的蔷薇果实所包裹着。

part 2

在蔷薇的庭院里从秋季到冬季

10月中旬的时候已是深秋，这时蔷薇的红色果实开始点缀庭院。结果较多的主要是单层花瓣的蔷薇品种。如野蔷薇、穆里加尼蔷薇、芭蕾蔷薇、松鸡蔷薇等。在实习园中由野蔷薇搭建而成的穹顶上镶嵌了无数红色的果实，宛如红宝石一般。另一方面，多季开花的prosperity蔷薇在枯木间绽放出如花束一般的白色花朵。在秋天的蔷薇庭院中，像这样的亮点实际上有很多。多季开花和四季开花的蔷薇，到秋季时才正是欣赏它们美的最佳时光。早上的清冷给蔷薇的颜色增添了一份鲜艳，蔷薇在低温中生长，寿命很长。来取食蔷薇果实的野鸟数量也在逐渐增加。

10月下旬时野蔷薇的果实变红成熟，野鸟们开始频繁地聚集于庭院之中。

上）由于很少有人踏进秋天的庭院，因此蔷薇在不知不觉中绽放，十分可爱。图中正在把蔷薇收集起来装饰在屋子中。/冰山蔷薇、prosperity蔷薇、朱丽叶蔷薇。
左）野蔷薇很早便完成了冬季牵引工作。将枝头挂着的可爱果实剪掉十分可惜，因此保留。

深秋中的蔷薇们

四季开花和多季开花的蔷薇在秋天也可以开花。虽然没有春天的繁华热闹，但稀稀落落在秋天绽放的蔷薇色彩却是十分鲜艳。虽然花形较小，但开花较多，可以长期点缀庭院。

1. 藤本希灵登小姐蔷薇是杏色的。
2. 中国粉的月季花。
3. 随着花开颜色会发生变化的穆达毕丽斯蔷薇。

将红色的果实放入可爱的小包中用作房屋的装饰。

牵引到窗边的穆里加尼蔷薇结出了果实，这正是一种自然的装饰。

part 3

蔷薇果实点缀的圣诞节

到了12月时，我们收集蔷薇的果实。由于冬季要完成蔷薇的修剪牵引工作，我们每天都要去许多庭院，因此可以遇到很多蔷薇果实。我们从修剪下来的枝条上收集了30多种蔷薇的果实。其中既有红色或橘色的小果实，也有像水果一般大、勾起人们食欲的大果实。我们将这些果实收集起来，在圣诞节召开一个蔷薇果实聚会。由于此时正是打理蔷薇庭院最繁忙的时候，因此兼具蔷薇果实收获祭之功能的圣诞节聚会也举办得十分盛大。大家一起编花环，用红色的蔷薇果实装饰屋子，热热闹闹地迎接圣诞节的到来。

用野蔷薇编成的心形花环。同花朵一样，蔷薇的果实也被用于房屋的装饰。

这里收集的蔷薇果实有37种，将整个篮子都填得又重又满。

编织这个直径60厘米的花环使用了30多种蔷薇
果实。它并不是一个标准的圆，而是像蔷薇的枝
条那样，小枝四处延伸。

收集来的37种蔷薇果实

冬天庭院中的蔷薇们。蔷薇在寒冷时期花期很长。

仅用野蔷薇和千叶兰编织成的花环。

制作花环时剩下的蔷薇果实全部用来装饰屋子，之后全部准备工作便完成了。让我们开始聚会吧。

下雨当天和下雨次日地面上都很湿滑，
野草疯长，长靴在此时打理庭院的过
程中必不可少。

第五章

藤本蔷薇的工作日记

刀刃锈了之后还未被丢弃的剪刀。一个
冬天便积攒了这么多把这样的剪刀。

将顾客下单的蔷薇幼苗搬到车上，之后我们去把
它们种在庭院之中。

　　我们在完成工作后，便会记下这个庭院的全部数据。哪种蔷薇种在了什么地方，蔷薇的状态如何，如何打理照顾等，积累下来的这些数据对于搭建蔷薇庭院来说是至关重要的资料。现在我们就围绕着这些资料，按月份介绍全年的工作内容。在《工作日历》中，介绍了藤本蔷薇在四季时的样子、主要的打理方法以及搭建蔷薇庭院时的关键点。在《季节信息》中介绍了 Oakenbucket 在打理庭院时的样子以及接触身边大自然时的日常感受。

　　如果大家也想在庭院中种植蔷薇的话，请一定要写一本《蔷薇笔记》。把种植日期、种植场所、蔷薇名称记录下来。当花开后，要给最美丽的一朵拍照并附上自己的感想。另外记录时也不要忘了开花数量和施肥的时间。虽然藤本蔷薇每年开花的时间不一样，但是留下的记录却一定是最重要的原始参考资料。

3月

● 蔷薇萌芽

新芽十分柔软，极易掉落，因此要小心注意。

● 发芽时施肥

当新芽开始萌发后，便要在植株根部施肥，要使用蔷薇专用的肥料。

● 出叶

新叶十分柔软，要注意防范白粉病（叶子上好像撒了一层薄薄的白粉）或蚜虫啃食。要及早考虑病虫害防治对策。

枝条刚发芽时的嫩绿。

4月

● 修理枝杈

在花苞出现之前，要确认冬季作业时牵引的枝条的现状，调整枝条的位置。注意不要折断柔嫩的新枝。

● 早开的藤本蔷薇开花

在染井吉野樱花期结束后，木香花、金樱子、白月季等早开的藤本蔷薇便开始绽放了。

木香花的黄色像春天一样柔和。

3月

● 花坛中的圣诞蔷薇仍然在绽放

到了3月便已经是春天了。但虽说如此，每日依旧是春寒料峭。在花坛中，冬季的代表性品种圣诞蔷薇依然低垂着绽放在枝头。虽然它和蔷薇一点儿都不像，但是欧美会以"蔷薇"给漂亮的花冠命名。

● 检查蔷薇花况

藤本蔷薇终于萌芽了。此时距离开花还有一个半月左右。这期间要再次确认冬季作业时牵引的枝条。我们要想象着开花时的场景，并以此来调整枝条与枝条的间距，使整体看起来比较均衡。

在花开较少的季节里点缀庭院的圣诞蔷薇。

在花苞萌发之前，要再次检查枝条形态。

4月

● 开始出售幼苗

街道上的木香花开始绽放。快乐的蔷薇花期终于要到来了。蔷薇新苗并排摆放在店中。有许多客人来向我们咨询，希望蔷薇绽放在墙面上、窗户周围、拱门上……并拜托我们帮忙寻找自己想要带回自家庭院的蔷薇品种。大家都希望能和蔷薇有一个完美的相遇。

新苗是在去年秋天时经嫁接培育的。

5月

● 藤本蔷薇盛开

从4月时便绽放的早开蔷薇到6月上旬才绽放的晚开蔷薇，藤本蔷薇们依次绽放。与仅在一个季节里开花的单季开花品种相对，多季开花和四季开花的蔷薇品种在接下来的日子里还会开花。

● 剪除花蒂

在花朵凋谢后，我们要从花茎顶端将花蒂剪除。如果是秋天可以结出美丽果实的品种，则不剪除花蒂。

● 将蔷薇新苗种植在花钵之中（4—5月）

从4月起蔷薇新苗开始上市出售。新苗分为两种，一种是已经萌发出花苞的，另一种是从下一年春天才开始绽放的。

花期结束后将花蒂剪除。

将新苗种植在花钵中

1

准备好新苗、直径为21厘米的花钵、栽培用土。将钵底石放入花钵的底部。

3

从原容器中将新苗取出，不要将上面的土抖掉，将它放置在花钵正中央，填土。种植时要保证嫁接的部分在土的上面。

2

将土倒入花钵中，量为花钵容积的1/3。

4

在倒完土后，用手将土压实，立上支柱，贴上标签。最后充分浇水。

＊如果要种在地上，则要挖一个30～40厘米深的坑，先在坑中放入栽培用土，之后再将新苗放在坑中央，最后再将周围用土填好。

5月

● 蔷薇聚会

Oakenbucket准备了茶会。巧克力蛋糕旁摆上了白色的群星蔷薇，十分美丽，将这样美丽的蛋糕吃掉有些可惜。我们也从庭院中摘下了一些蔷薇用于装饰庭院。事实上桌子上铺的桌布以及垫子套都是前几天客户下单后我们缝制的。没想到能用刚做好的桌布来招待客人，真是一个非常幸运的下午。

● 实习园的通道处开满了鲜花

实习园开放了蔷薇教室。那里正好可以看到通道处冰雪女王盛开时的美景。让我们准备好美丽的蔷薇吧。真希望能遇见许许多多的蔷薇，自己也能越来越喜欢蔷薇……

● 我的庭院中的蔷薇

今早，打开窗户便闻到了花香。在不经意间，麝香玫瑰已经开了有五分。蔷薇花期之时也正是召开花园聚会次数最多的时候。在今日的会场上，我也听见员工们正在担心自己庭院中的蔷薇。担心自己的庭院出现问题是这时人们共同的烦恼。

桌上也有鲜花盛开。

冰雪女王蔷薇将通道装点成了白色。

开始绽放的麝香玫瑰。

●种植藤本蔷薇的长苗

嫁接后生长数年便培育出了长苗，种植长苗不用挑选时间，一年中任何时候种植都可以。在种植时要将新苗准备好，之后再挖一个坑，坑的深度是蔷薇根长的约2倍。

●礼肥（6月—9月中旬）

指的是在春季开花之后直接施的肥。这是一种水溶性固态蔷薇专用肥料，施肥时要将其放在植株的周围。

将长苗牵引到篱笆上

1

在想要牵引的地方绑上铁丝，搭建一个固定蔷薇的位置。根据不同场所将灵活的使用16～20根铁丝。

3

在水平方向上间隔约20厘米便拉紧几根铁丝。要保证枝条的重量压在上面铁丝不松弛，不掉落。

2

牵引枝条。如果蔷薇是种植在篱笆内侧，则将它的枝条越过篱笆挂在外侧。

4

沿着铁丝，用麻绳将枝条绑结固定。

6月

●终于到了梅雨季节

雨从傍晚时分开始下。因此急忙收拾妥当，种植工作半途终止。回到家后，发现乔木绣球、圆锥绣球、垂丝卫矛都低垂在地上，没有伸出门外。我将它们的枝条拾起，用绳子将它们绑好，防止被折断。如果提前注意就好了……但是，幸好今天早上已经把白色多萝西·帕金斯蔷薇的花蒂剪切掉了。如果不这样，雨水将花瓣打落，这些花瓣会贴在湿滑的道路上吧。

●花瓣湿了

从山里的蔷薇园中采摘下来的花瓣刚刚到达这里，花瓣被雨水浸湿，十分可爱。我们仅将没有破损的大片花瓣收集起来摆放到架子上。今天可以欣赏花瓣的五彩缤纷了。

●用乔木绣球装点的篱笆

乔木绣球的花容易散乱，它的枝条也会伸展到道路上面，因此我们要牢牢地将它们固定在篱笆上。看到白色的篱笆，首先想到的是"它和红色或粉色的蔷薇很搭配吧"。果然还是要翻开蔷薇名录，寻找一种新的蔷薇。

白色多萝西·帕金斯蔷薇的花蒂。

蔷薇仅是花瓣也很美丽。

乔木绣球的花朵低垂，看起来很重。

7月

● 出新枝（5月—9月）

这指的是从植株根部或枝干上大量萌发的新枝。它们从拱门或藤架上向外延伸，来年花朵便以它们为中心绽放，因此要小心保护，不能折断。

● 注意浇水（7月—9月）

在花钵以及温室内种植时，特别是早晚，要给蔷薇补充大量的水分。一旦环境干燥，蔷薇便会落叶，若是多季开花或四季开花的品种则会影响下一个阶段的开花。在其他季节时，发现环境干燥时浇水即可。

健壮的野蔷薇新枝。

8月

● 夏季整理工作

藤本蔷薇基本上都是在新枝上开花，因此仅需整理老枝、小枝密集的部分、枯枝等。必要时可以将新枝固定在不影响通行的地方，将它们保护起来。

7月

● 庭院中盛开着让人感到凉爽的花

西方的牡荆是一种少有的夏季开花品种。它的花色为青紫色，给人以清爽的感觉。花期结束后将花蒂切掉，还可以萌发出新的花苞，不久就又能够欣赏美丽的花了。

● 燕子们站在新枝上

蔷薇长出的新枝横跨道路，延伸到了旁边的房屋上，令人感到惊奇。仔细看的话四只燕子站在新枝上，这更令人惊奇了。柔软的新枝一定令人心情愉快吧。

● 小心注意

图中是直径为4厘米的西瓜。吃它的时候也一定是夏季快要结束的时候。我们一定不能让它的果实掉落。现在蔷薇花期已过，我们在庭院中最重要的位置放置花钵，小心守护。

8月

● 让庭院充满生机

在我们正要去打理庭院时遇上了雷阵雨。这样的话就让我们在避雨的时候进行混栽吧。在用马口铁制作的长长的托盘中种着黄色的金毛菊和白色的千日红等草花。这些花剪除一次花蒂后还会再开花，虽然花形较小，但却有开满整个夏季的体力。给夏日的庭院增添了生机！

有着清凉花色的牡荆。

站在新枝上的燕子。

一个月后肯定会变大的西瓜。

给庭院增加生机的黄色的小花们。

●应对病虫害（7月—9月）

夏季特别多发黑星病，这种病会使新叶上出现黑色斑点。蔷薇三节叶蜂的幼虫以叶子为食。天牛的幼虫和铜绿金龟子的幼虫也会使蔷薇枯萎，因此无论哪个季节都要注意防治病虫害。

●应对台风

为了防止新枝被风雨折断，要将它们夹在树木或蔷薇的枝条与枝条之间。当枝条固定在广阔的墙面、屏风上时，本来自身便有一定的重量，之后再加上雨水的重量以及大风的外力作用，很容易出现倒伏折断的现象。为了防止这种情况发生，要检查是否已经使用铁丝或麻绳将它们固定好了。

啃食蔷薇叶子的蔷薇三节叶蜂幼虫。

9月

●秋天的脚步声

开得正盛的金光菊。虽然高温天气还在持续，但是随着时针慢慢转动，气温和季节都开始发生了变化。昨天夜里听见了虫鸣声。

●新枝延伸

玛利亚·卡拉斯蔷薇和瓦尔特大叔蔷薇的枝条延伸的特别旺盛，直到夏季结束时还在不断地延伸，新枝朝着天空的方向生长。这里是一处交通繁忙的街道。如果枝条延伸到了街道上会给通行造成阻碍，由于这些枝条对于明春开花十分重要，因此要将它们横向放倒进行绑结固定。

●台风来啦

台风的预报非常准确。我们全身上下都穿好雨衣后在庭院中巡视，将摆放在阳台或篱笆上的花钵放在地上，还把吊篮放了下来。店里将放在外面的花苗聚集在一处，并用篱笆盖在上面。还将绽放的花不断剪下来插在花瓶中。等到收拾完后，店里已经摆满了蔷薇。明明接下来便是秋蔷薇的季节了……但还是遇上了这场大台风，真是太惨了。

金光菊从初夏到秋天开花。

整理这些生长过于旺盛的新枝。

满开的蔷薇让店里弥漫着甜香。

10月

●秋蔷薇开花（10月—12月）

藤本蔷薇多是一季开花，不过也有到了秋季再次开花的品种。秋蔷薇花期长且色泽鲜艳。四季开花的蔷薇品种在夏季结束时完成修剪，这样人们便可以在10月下旬至冬季时欣赏它们了。

●移栽（10月—来年2月、梅雨时节）

移栽后需要充分浇水。因此10月至来年2月，或者梅雨时节最为合适。

采摘蔷薇果实用于制作圣诞节花环。

11月

●秋蔷薇果实上色（10月下旬—）

这时绿色的蔷薇果实开始变为红色。进入12月采摘的话，果实充分成熟，能够长久保存。

12月

●冬季修剪及牵引工作（12月—来年2月）

藤本蔷薇的起点在于冬季。如果将修剪及牵引工作做好，来年开花就多，我们就可以欣赏到美丽的蔷薇风景了。

将蔷薇牵引到铁丝上，再用麻绳进行固定。

为了防止松弛，我们将麻绳紧紧打了个结。打好的结非常小。

10月

●蔷薇的移栽

移栽原种的白长春蔷薇。花了一个小时的时间小心地将土挖开。将一大株蔷薇拔出后才发现挖出的实际上是四株蔷薇。一定要把它们栽种在一起，其中两株用来搭建穹顶，另两株用来装饰房屋的墙面，这样将它们分开，也易于日后的打理。在地上挖四个大坑，将蔷薇种在其中，最后再浇上足够的水，

11月

今天的移栽工作便结束了。新栽的四株蔷薇要加油哦。

●最后的秋蔷薇们

虽说已经到了11月的末尾，但是庭院中的亚伯拉罕·达比蔷薇开得却如此之好。我们把修剪过程中剪掉的蔷薇收集起来。秋蔷薇在寒冷中渐渐绽放，颜色非常美丽。

12月

●冬季庭院中的1天

今天的工作是将庭院中松鸡蔷薇的枝条从藤架上放下来。我们采集枝条上的红色果实，数量多的都要从白色马口铁打制的容器中溢出来。之后我们又发现了蔷薇的天敌天牛幼虫，并进行了防治工作。之后将进行拔根或预定移栽的蔷薇绑结成束，为了不让蔷薇处在阴影中而将萨摩山梅花横向放倒。转眼间一天便过去了。

正在移栽过程中的四株蔷薇。

色泽鲜艳的亚伯拉罕·达比蔷薇等。

松鸡蔷薇的果实较小，呈红色。

修剪和牵引工作流程

1 将绑结在篱笆等处的枝条全部解开。

2 仅清理枯枝、老枝、弱枝。

3 为了防病驱虫，将所有叶子去掉。

4 首先选择主要枝条，将其绑定在想要开花的地方。之后将其他枝条从下方按顺序固定在墙壁或篱笆上，使其向上方延伸扩散。

＊即使是不好处理的枝条，也不要从最开始便将其剪切掉，而是要随着牵引的进程根据需要进行修剪。藤本蔷薇开花的数量与树龄有关，因此在哪个季节都不要将延伸的枝条随意剪除，保护工作最为重要。

●施寒肥

为了让冬天修剪和牵引好的枝条长出更多新芽，花叶的颜色鲜艳，必须要施寒肥。施寒肥时要使用基肥。

专栏 2

野蔷薇的圣诞节花环制作方法

野蔷薇的枝条十分柔软，即使没有花环的形状，仅使用枝条也可以编成一个结实的花环。

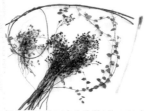

准备的材料
野蔷薇果实：带枝的20～25根
野蔷薇枝条：约1米长的2枝
千叶兰：约20～30厘米长的8根
28根铁丝

虽然千叶兰很快便会变干，但是变干了也很漂亮。也可以使用西瓜藤、蓝枝等的叶子。

1 将野蔷薇的枝条编成一个直径20厘米的圆圈。塑形时动作要慢，防止树枝变干。

2 沿着圆形的边缘插上野蔷薇的果实，将红色的果实在整个花环上排布均匀。

3 在花环上绑上千叶兰。

2月

●准备圣诞节

马上就是圣诞节了。在冬季工作的忙碌中，我们抽空准备圣诞派对。将店里的帘子换成红色方格花纹的，又使用蔷薇果实和蔷薇树枝、在庭院中收集的花和果实等做了几个花环来装饰屋子。

使用蔷薇果实和乔木绣球编成的花环。

●店里的冬季工作

在每年最后的日子里，Oakenbucket都用来修剪牵引自己墙面上的蔷薇。这一天房东和邻居们送来年糕豆沙汤等温暖的小食，我们稍事休息，但藤本蔷薇也总算是变成了迎接新年的模样。

●仍然还在冬眠之中

在冬季工作的庭院之中，我们在常春藤的花盆下面发现了青蛙。虽然我们想保持安静，但是一旦开始工作，枝条便噼里啪啦地从梯凳上落下，在用笤帚清扫时也发出哗哗的声音，完全忘了正在冬眠中的青蛙。对不起啊。今天的噪音绝不是春天来临时的脚步声。

店里和店外都摆满了蔷薇果实。

将所有的枝条解开，全部重新编排。

在卡片下有正在冬眠中的青蛙。

索引

书中照片所介绍的蔷薇名称之索引

图书在版编目（CIP）数据

盛开的庭院：加藤矢惠的园艺技法22例／（日）加藤矢惠著；李普超译. —武汉：华中科技大学出版社，2020.6
ISBN 978-7-5680-6072-1

Ⅰ.①盛… Ⅱ.①加… ②李… Ⅲ.①庭院－观赏园艺 Ⅳ.①S68

中国版本图书馆CIP数据核字（2020）第056895号

本作品简体中文版由日本河出书房新社授权华中科技大学出版社有限责任公司在中华人民共和国境内（但不含香港、澳门和台湾地区）出版、发行。

湖北省版权局著作权合同登记　图字：17-2020-031号

盛开的庭院：加藤矢惠的园艺技法22例 　　　　　　　　[日] 加藤矢惠 著
Shengkai de Tingyuan Jia Teng Shi Hui de Yuanyi Jifa 22 Li 　　　　　李普超 译

出版发行：华中科技大学出版社（中国·武汉）	电话：(027) 81321913
北京有书至美文化传媒有限公司	(010) 67326910-6023

出 版 人：阮海洪

责任编辑：莽　昱　康　晨

责任监印：徐　露　郑红红　封面设计：邱　宏

制　　作：北京博逸文化传播有限公司
印　　刷：艺堂印刷（天津）有限公司
开　　本：787mm×1092mm　　1/16
印　　张：7
字　　数：52千字
版　　次：2020年6月第1版第1次印刷
定　　价：69.80元